예일대 최고의 과학 강의

데이비드 버코비치 지음 | 박병철 옮김

THE ORIGINS OF EVERYTHING

모든 것의 기원

한 권의 책으로 떠나는 138억 년 우주여행!

THE ORIGINS OF EVERYTHING IN 100 PAGES MORE OR LESS

예일대 최고의 과학 강의

데이비드 버코비치 지음 | 박병철 옮김

THE ORIGINS OF EVERYTHING

모든 것의 기원

한 권의 책으로 떠나는 138억 년 우주여행!

CONTENTS

일러두기

모든 각주는 옮긴이의 것이다.

서문

우주의 역사는 거꾸로 써나가는 것이 제일 좋다. "사역 의주우……"처럼 글자를 거꾸로 쓰자는 말이 아니라, 태초부터 지금까지 일어났던 사건들을 시간의 역순으로 거슬러가보자는 뜻이다. 종교적이건 과학적이건 간에, 사람들이 우주창조설에 관심을 갖는 이유는 '나'라는 존재의 기원이 궁금하기 때문이다. 지난 7,000년 동안 기록된 역사와 고고학적 증거를 종합해볼 때, 인간은 약 700만 년 전에 처음 등장한 것으로 추정된다. 동물은 인간보다 6억 년쯤 먼저 등장했고 최초의 생명체는 동물보다 30억 년 먼저 출현했으며, 태양계와 지구는 이보다 10억 년쯤 전에 형성되었다. 우주에 시간이 처음 흐르기 시작한 시점은 여기서 또 90억 년을 거슬러 올라간다. 우주의 역사를 러닝타임 24시간짜리 영화로 축약하여 필름을 거꾸로 돌려보면 엔딩크레딧이 지나가고 4/100초 후에 최초의 인간이 등장하고, 1시간을 더 기다리면 최초의 동물이 등장한다. 지구와 태양계의 탄생 비화를 보려면 다시 7시간을 기다려야 하며, 여기서 16시간을 더 기다려야 우주가 탄생하는 장관을 볼 수 있다.

우주의 역사를 거꾸로 돌리는 것도 재미있지만, 연대기를 따라(특히 인간이 '사고思考'라는 것을 하기 시작한 시점부터) 순차적으로 훑어보는 것도 꽤 많은 도움이 된다. 이 책에서는 중요한 사건을 중심으로 우주의 역사를 초간단 약식으로 둘러볼 것이다(24시간짜리 영화 버전은 아니지만, 속독에 능하다면 가능할 수도 있다). 비유하자면 이 책은 은퇴를 앞둔 유명 가수의 히트곡 앨범과 비슷하다. 가장 크게 히트한 곡들을 엄선하여 파란만장했던 가수의 일생을 한 장의 CD에 담은 '더 그레이티스트 히츠The Greatest Hits'인 셈이다. 우주의 주요 부분에 해당하는 퍼즐 조각들이 언제, 어떻게 탄생했는지를 추적하다 보면 전체적인 윤곽이 드러날 것이다. '기원origin'이라는 단어는 다분히 과학적인 개념이다. 무언가의 기원을 추적한다는 것은 신화나 옛날이야기를 캐는 것이 아니라, 그것이 존재하게 된 이유를 과학적으로 설명해주는 가설을 세운다는 뜻이다. 이야기와 가설은 엄청난 차이가 있다. 과학적 가설은 측정 가능한 예측을 수반하기 때문에, 과학자들은 실험이나 관측을 통해 가설이 틀렸음을 반증할 수 있다. 이 조건을 만족하지 못하는 가설은 과학적 가설이 아니다. '검증 가능성'은 과학이 갖추어야 할 최고의 덕목이기 때문이다. 조금 딱딱하게 들리겠지만 이 책에서도 검증 가능성을 최고의 덕목으로 삼을 것이다. 그렇다고 미리 겁먹을 필요는 없다. 꼬장꼬장하게 따지고 드는 것은 나도 별로 좋아하지 않는다.

이 책은 예일대학교의 학부생들을 대상으로 '모든 것의 기원 Origins of Everything'이라는 썰렁한 간판을 걸고 한 학기 동안 진행되었던 세미나를 엮은 것이다. 세미나의 목적은 검증 가능한 '커다란' 가설을 통해 학생들에게 과학을 가르치는 것이었다. 그 후 세미나의 내용을 출판하기로 결정했을 때, 편집자는 '누구나 읽을 수 있는 교양과학서'를 요구했으나, 솔직히 말해서 나는 말랑말랑한 과학책을 별로 좋아하지 않는다. 하지만 이것도 겁먹을 필요 없다. 뭔가 있어 보이는 듯 어려운 용어를 남발하면서 독자들을 낚는 치사한 짓은 최대한 자제하고, 구체적인 설명은 반드시 필요한 경우에만 할 것이다.

이 책의 제목은 '모든 것의 기원'이지만, 대상을 아무렇게나 고른 것은 아니다. 하나의 테마는 이전 테마의 결과이자 다음 테마의 원인이 되도록 순서를 배치했다. 생명의 구성 요소는 지구의 공기와 바다, 그리고 바위에서 비롯되었으며, 이들의 원래 신분은 성간星間 먼지interstellar dust*였다. 이 먼지의 구성 원소들은 빅뱅Big Bang과 함께 탄생하여 기체 형태로 부유하다가 중력으로 뭉쳐서 거대한 별이 되었다. 그리고 태양과 거의 비슷한 시기에 형성된 지구에서는 바다와 대기, 지각, 내핵 등이 복합적으로 작용하여 복잡한 생명체가 탄생했다.

나는 이 책에서 다룬 주제들을 전문적으로 연구하는 과학자로서(물론 개중에는 내 전공 분야가 아닌 것도 있다), 각 주제들 사이의 연결관계를 주로 지구물리학적 관점에서 조명할 것이다. 좀 더 솔직하게 말하자면 나의 전공이 지구물리학이기 때문에, 설명이 그쪽으로 치우칠 수도 있다는 이야기다. 나의 학생들에게 이 책의 원고를 보여주면서 소감을 물어봤더니 아니나 다를까. "전체적인 주제는 판구조론plate tectonics인 것 같다"고 했다. 빅

---

* 별과 별 사이의 공간에 떠다니는 먼지.

뱅을 판구조론으로 설명할 수 있다면 그렇게 했을 것이다(그러나 아쉽게도 우주는 지구보다 먼저 태어났다). 우주와 생명의 역사에 관해서는 이 책보다 쉽고 자세하게 써놓은 책들이 많이 있는데, 구체적인 목록을 책의 뒷부분에 첨부했으니 참고하기 바란다. 사실 이 책은 주제가 광범위하지 않고, 특정 분야를 깊이 파고 들어가지도 않았다. 나의 목적은 "얇고 피상적이면서 영양가 있는 책"을 집필하는 것이었는데, 그런 책이 정말로 존재하는지는 나도 잘 모르겠다. 독자들이 이 책을 통해 우주 이야기와 인류의 역사에 관심을 갖고 더 알고 싶은 욕구가 생긴다면 나로서는 더 바랄 것이 없다.

독자들이 혹시 오해할까 봐 약간의 변명을 하자면, 나는 이 책에 언급된 모든 분야의 전문가가 아니다. 내가 이 정도의 능력자라면 지금보다 연봉을 훨씬 많이 받았을 것이다. 이 책에서 다룬 모든 주제는 내가 대학에서 거의 30년 동안 가르쳐온 내용이지만 나는 천문학자도, 생물학자나 인류학자도 아니고 그저 평범한 지구물리학자일 뿐이다. 그러므로 지구와 행성을 다룬 부분에서 설명이 다소 장황해지더라도 이해해주기 바란다. 그리고 또 한 가지, 독자들은 이 책에 수록된 내용을 절대적 진리로 받아들이지 말고, '차를 타고 지나가면서 대충 훑어본 경치'쯤으로 생각해주기 바란다. 사실 이 책은 퓨전 레스토랑의 현관 앞에 진열된 음식 샘플에 가깝다. 그 레스토랑의 셰프는 주특기가 '링귀니 linguini'*라고 한다.

* 가늘고 납작한 이탈리아 국수. 저자가 가장 잘 만드는 음식인가 보다.

1

우주와 은하

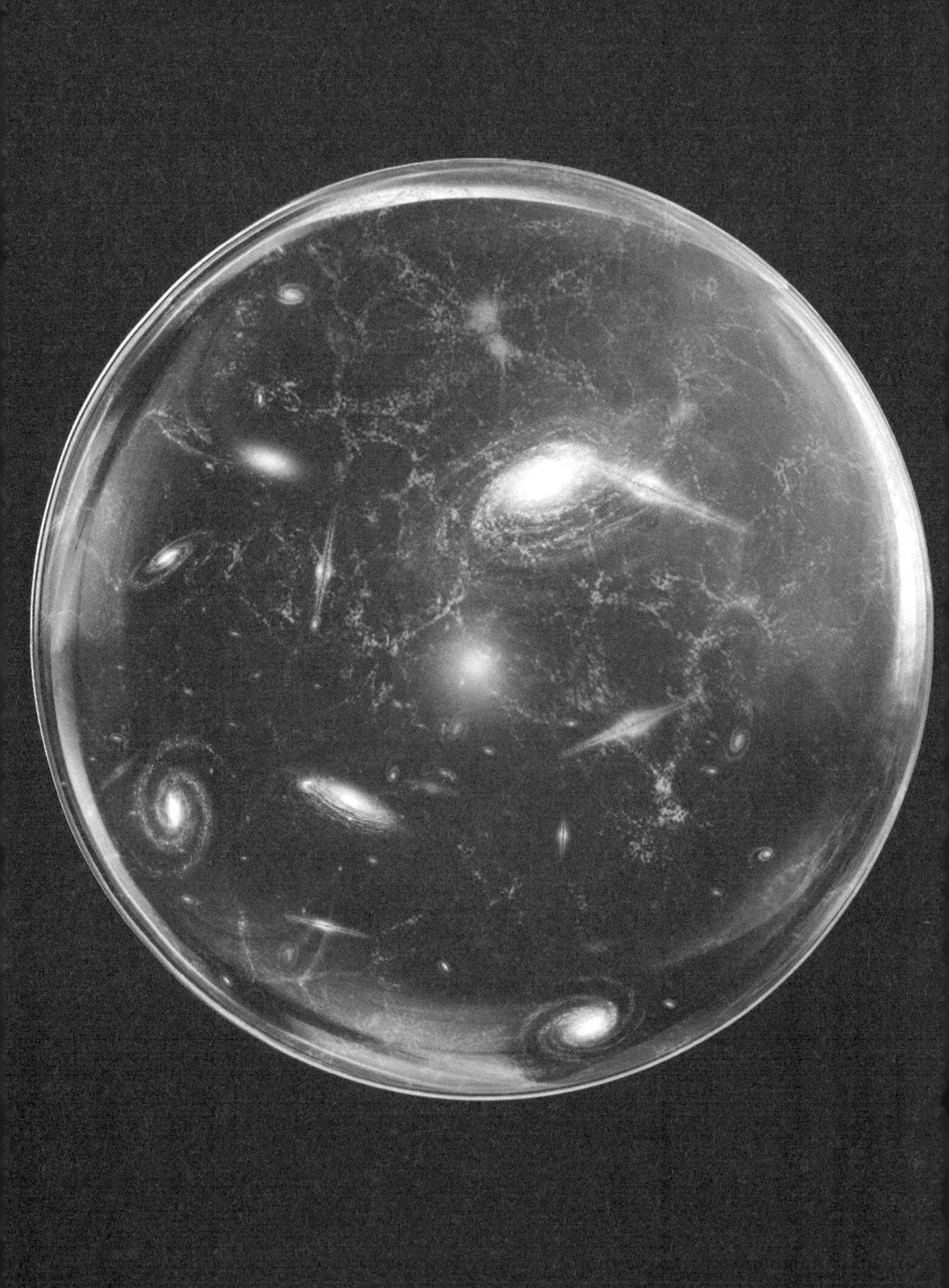

아득한 옛날, 상상을 초월하는 대폭발이 일어나면서 시간이 흐르기 시작했다. 시작 치고는 꽤 그럴듯하다. 그러나 지난 세기까지만 해도 우주와 지구의 정확한 탄생 시기를 아는 사람은 아무도 없었다. 유대-기독교 경전에는 "태초에 하나님께서 하늘과 땅을 만들었다"고 적혀 있는데, 17세기 아일랜드의 주교였던 제임스 어셔James Ussher, 1581~1656는 여기서 한 걸음 더 나아가 우주가 창조된 날이 기원전 4004년 10월 23일이라고 주장했다.

구체적인 날짜까지 계산한 것을 보면 성경의 창조설에 꽤 확신이 있었던 모양이다. 이 무렵 일부 저명한 르네상스 철학자들은 "시간에는 시작이라는 것이 아예 없었다"며 종교적 창조설을 정면으로 부인했는데, 그중 가장 대표적인 인물로는 16세기 이탈리아의 철학자이자 도미니크회 수사였던 조르다노 브루노Giordano Bruno, 1548~1600를 들 수 있다. 그는 지구가 우주의 중심이 아니라, 태양 주변을 공전하고 있다는 니콜라우스 코페르니쿠스Nicolaus Copernicus의 우주관을 수용했을 뿐만 아니라, 우주에는 태양과 같은 별이 수없이 널려 있으며 모든 별들은 지구와 비슷한 행성을 거느리고 있다고 주장하여 성직자들을 분노하게 만들었다. 무엇보다 중요한 것은 브루노가 "우주는 변하지 않으며 크기와 나이가 무한하다"고 주장했다는 점이다. 유럽에서 이런 주장을 펼친 철학자는 브루노가 처음이 아니었으나, 가톨릭교회는 그를 이단으로 간주하고 함구령을 내렸다(브루노는 화체설化體說, transubstantiation*까지 부정할 정도로 공격적인 종교관을 갖고 있었다). 그러나 끝까지 자신의 주장을 굽히지 않았던 브루노는 결국 베네치아에서 체포되어 1차 재판을 받은 후 로마로 압송되어 2차 재판을 받았다. 그는 재판 중에도 "교황이나 하느님이 직접 나서서 내 생각이 틀렸다고 지적하지 않는 한, 내가 한 말을 철회하지 않겠다"며 버티다가 1600년 사순절에 로마의 캄포데

---

* 미사의 성찬전례 때 빵과 포도주가 예수의 살과 피로 변한다는 교리.

피오리Campo de' Fiori 광장에서 화형에 처해졌다. 지금 이곳에는 사제복을 입은 브루노의 동상이 서 있는데, 광장을 가득 메운 관광객들을 찡그린 표정으로 노려보는 듯하다.

그후로 세상이 많이 변하여, 요즘 과학자들은 아무리 파격적인 발언을 해도 화형에 처해지진 않는다(학계에서 왕따가 될 수는 있다). 나는 언젠가 로마를 방문했을 때, 동료 교수와 함께 브루노의 동상 앞에 서서 이런 대화를 나눈 적이 있다.

나: 브루노가 죽고 33년 후에 갈릴레오 갈릴레이Galileo Galilei도 비슷한 일을 당했지.

동료: 맞아, 하지만 갈릴레오는 자기주장을 철회하고 목숨을 건졌잖아.

나: 우리도 브루노처럼 당당할 수 있을까? 높으신 분이 그동안 내가 쓴 논문을 몽땅 철회하지 않으면 죽이겠다고 으름장을 놓는데도 끝까지 버틸 수 있겠냐고.

(잠시 침묵…………)

둘 다 동시에: 그걸 왜 버텨? 일단은 살고 봐야지!

사실이 그렇다. 갈릴레오는 유명하기라도 했지, 아무도 안 읽는 논문 때문에 죽고 싶지는 않다. 다행히도 요즘은 과학을 판단하는 기준이 많이 달라졌다. 무엇으로 판단하냐고? 나쁜 과학은 제안자가 죽으면 함께 죽지만, 좋은 과학은 제안자가 죽어도 계속 살아남는다. 우리가 만든 과학이 우리와 함께 죽는다면, 그것은 애초부터 별 볼일 없었다는 뜻이다. 반면에 죽음 앞에서도 자신의 신념을 굽히지 않았던 브루노는 역사상 가장 유명한 '과학 순교자'가 되었고, "우주에는 수많은 별들이 존재하고 지구는 별 주변을 공전하는 수많은 행성들 중 하나에 불과하다"는 그의 우주관은 지금도 선견지명의 대표적 사례로 회자되고 있다.

그러나 우주의 크기와 나이가 무한대라는 브루노의 주장은 현대에 와서 틀린 것으로 판명되었다. 특히 시간은 무한히 긴 세월 동안 흘러온 것이 아니라, 명백한 '시작'이 존재했다. 어두운 밤하늘이 바로 그 증거다. 무슨 뚱딴지같은 소리냐고? 우주가 무한히 크고 무한히 오래되었다는 가정하에, 밤하늘을 바둑판처럼 작은 영역으로 세분해보자. 그러면 모든 영역에는 별들이 존재할 테고, 이들이 방출한 빛은 이미 지구에 도달했을 것이다(우주의 나이를 무한대로 가정했으므로, 아무리 멀어도 도달할 시간은 충분하다). 그렇다면 밤하늘은 별빛으로 가득 차서 대낮처럼 환하게 밝아야 한다. 독일의 수학자이자 천문학자였던 요하네스 케플러

Johannes Kepler와 영국의 철학자 토머스 디기스Thomas Digges(브루노와 동시대에 살았음)도 이 역설을 인식하고 있었지만, 18~19세기 독일의 천문학자 하인리히 빌헬름 올베르스Heinrich Wilhelm Olbers가 공식석상에서 이 문제를 처음 제기한 후 이는 '올베르스의 역설Olbers' paradox'로 알려지게 된다. 역설의 해결책을 알아낸 주인공은 19~20세기 영국의 물리학자 윌리엄 톰슨William Thomson(켈빈경Lord Kelvin이라는 별칭이 더 유명하다)이었다. 그의 논리에 의하면 우주는 나이가 유한하거나(그래야 멀리 있는 별에서 방출된 빛이 아직 지구에 도달하지 않아서 밤하늘이 어두울 수 있다), 크기가 유한하거나(그래야 하늘을 바둑판처럼 작은 구획으로 나눴을 때 별이 하나도 없는 부분이 존재하여 밤하늘이 어두울 수 있다), 나이와 크기가 둘 다 유한해야 한다(미국의 작가 에드거 앨런 포Edgar Allan Poe도 거의 비슷한 답을 생각해냈다). 이것은 우주가 거대한 폭발에서 시작되었다는 빅뱅 가설의 확실한 근거가 되었다. 우주의 나이가 유한하다는 것은 과거의 어느 한 시점에 우주가 탄생했음을 의미하기 때문이다.

20세기 초까지만 해도 천문학자들은 은하수Milky Way(우리 태양계가 속한 은하)가 우주의 전부라고 생각했다. 그러나 1920년대에 미국의 천문학자 에드윈 허블Edwin Hubble이 윌슨산 천문대에서 직경 250cm짜리 천체망원경을 통해 은하수 외의 다른 은하를 발견함으로써, 우주의 규모가 문자 그대로 '천문학적으로' 넓어졌다. 또한 허블은 일정한 시간 간격으로 빛을 방출하는 세페이드 변광성Cepheid variables의 특성을 이용하여 지구와 외계 은하 사이의 거리까지 알아냈다. 세페이드 변광성은 발광 주기와 밝기 사이에 특정한 관계가 있기 때문에, 두 세페이드 변광성의 발광 주기가 같으면 밝기도 같다. 즉 둘 중 하나가 다른 것보다 희미하게 보인다면 지구로부터 더 먼 곳에 있다는 뜻이다(광원의 밝기는 거리의 제곱에 반비례한다). 그러므로 변광성의 밝기를 정밀하게 관측하면 변광성이 속한 은하까지의 거리를 알 수 있다. 그러나 뭐니 뭐니 해도 허블의 최대 업적은 '적색편이red shift'라는 현상을 통하여 우주가 팽창하고 있음을 알아낸 것이다. 겪어본 사람은 알겠지만, 도로에서 앰뷸런스가 나를 향해 달려올 때 사이렌 소리가 점차 높아지다가(진동수가 커지다가) 나를 지나친 후에는 급격하게 소리가 낮아진다(진동수가 작아진다). 이런 현상을 도플러효과Doppler effect라 하는데, 빛도 소리처럼 파동이기 때문에 동일한 현상이 나타난다. 즉 관찰자로부터 광원이 멀어질 때는 빛의 진동수가 작아지고(파장이 길어지고), 가까워질 때는 진동수가 커진다(파장이 짧아진다). 그런데 허블은 모든 은하에서 방출된 빛들이 한결같이 붉은색 쪽으로 치우친다는 사실을 알아냈다. 붉은빛은 가시광선 중에서 파장이 제일 길기 때문에, 빛이 붉은색 쪽으로 치우친다는 것은 빛을 방출한 은하가 지구로부터 벌어진다는 뜻이다. 게다가 이 적색편이 현상은 멀리 있는 은하일수록 더 크게 나타났는데, 이는 곧 멀리 있는 은하일수록 멀어지는 속도가 빠르다는 뜻이다. 허블은 관련 데이터를 종합하여 다음과 같이 결론지었다. "모든 은하들은 지구로부터 멀어지고 있으며, 이는 은하가 운동하는 게 아니라 우주공간이 팽창하고 있다는 증거이다."

사실 우주가 팽창하고 있다는 사실을 처음으로 알아낸 사람은 허블이 아니었다. 이보다 앞서 벨기에의 천문학자 조르주 르메트르Georges Lemaître와 러시아의 물리학자 알렉산드르 프리드만Alexander Friedmann은 알베르트 아인슈타인Albert Einstein의 일반상대성이론을 우주에 적용하여 우주가 팽창하고 있음을 예견한 바 있다. 그러나 우주가 정적靜的이면서 영원불변이라고 하늘같이 믿었던 아인슈타인은 자신의 이론으로 도출된 결과를 수용하지 않았다(아인슈타인은 르메트르에게 "당신의 수학 실력은 인정하지만 물리적 식견은 형편없다"며 비난을 퍼부었다). 결국 이들의 논쟁은 허블의 관측 데이터가 알려지면서 마무리되었다. 천하의 아인슈타인도 관측 데이터 앞에서는 입을 다물 수밖에 없었던 것이다.

우주의 나이가 유한하고 공간이 팽창한다는 것은 우주에게 '생일'이 있다는 뜻이다. 현재를 기점으로 시간을 거꾸로 되돌린다면, 우주가 점점 작아지다가 상상을 초월할 정도로 뜨거운 하나의 점으로 수렴할 것이다. 르메트르는 이 점을 '우주 달걀cosmic egg'이라 불렀다. 이 달걀이 폭발하면서 우주가 탄생했고, 폭발과 함께 질량과 에너지가 사방으로 퍼져 나가기 시작했다. 이것이 바로 우주의 기원을 설명하는 빅뱅이론Big Bang theory(대폭발이론)이다. 이 용어를 처음으로 사용한 사람은 케임브리지대학교의 천문학자 프레드 호일Fred Hoyle이었는데, 사실 그는 우주가 대폭발로 탄생했다는 가설을 적극적으로 반대했던 사람이었다.* 나 역시 이 장의 첫 문장에서 '대폭발'이라는 단어를 사용했지만, 엄밀히 따지면 '뱅bang'은 그다지 적절할 표현이 아니다. 일반적으로 폭발이 일어나면 고압 기체와 저압 기체를 분리하는 충격파가 발생하게 마련인데, 태초의 우주는 질량과 에너지뿐만

* 호일은 대폭발 가설을 비난하는 뜻으로 '빅뱅'이라는 단어를 썼으나, 어감이 훨씬 간결하고 명확하여 정식 용어로 굳어져버렸다.

아니라 시간과 공간까지 작은 영역에 똘똘 뭉쳐 있었기 때문에 '내부와 외부의 기압차'라는 것이 아예 존재하지 않았다. 그냥 우주가 팽창하기 시작하여 경계선이 점차 확장된 것이다. 우주의 경계면 바깥에는 빛도, 물질도, 에너지도 없고 시간과 공간도 존재하지 않는다. 세상에 그런 공간이 어디 있냐고? 물론 없다. '세상'이란 우주의 내부에 존재하기 때문이다. 경계 바깥이 어떤 곳인지는 아무도 모른다. 그러니 애써 상상하려고 애쓸 필요 없다.

빅뱅은 정말로 일어났을까? 그렇다. 빅뱅을 입증하는 관측 자료가 있으니 믿을 수밖에 없다. 1960년대에 미국의 물리학자 아르노 펜지아스Arno Penzias와 로버트 윌슨Robert Wilson은 우주에서 날아온 전파, 즉 마이크로파 우주배경복사Cosmic Microwave Background Radiation(CMB복사)를 발견했다. 이것은 빅뱅 때 방출된 빛의 잔해로서 평균 3K(-270°C)라는 온도로 우주공간을 가득 메우고 있으며, 천체물리학자들 사이에서는 빅뱅의 가장 확실한 증거로 통한다.

지금까지 얻은 관측 데이터에 빅뱅이론을 적용하면 우주의 나이를 알 수 있다. 우주의 팽창계수(이것을 '허블상수Hubble constant'라 한다)를 이용하여 우주가 아주 작은 점에서 시작하여 지금의 크기로 팽창할 때까지 걸린 시간을 계산해보면 약 140억 년이라는 값이 얻어진다(몇 억 년의 오차가 있을 수 있다). 이론은 그렇다 치고, 실제 관측 결과는 어떨까? 우주에서 가장 오래된 천체는 빅뱅이 일어나고 수억 년 후에 탄생했다(이 천체에 관해서는 다음 장에서 논할 예정이다). 그러므로 이 천체의 나이에 수억 년을 더하면 '관측을 통한 우주의 나이'를 알 수 있는데, 지금까지 알려진 가장 정확한 값은 138억 년이다.

우주는 빅뱅으로 탄생한 후 거의 140억 년 동안 꾸준히 팽창하여 오늘에 이르렀다. 그러나 빅뱅이론부터 알 수 있는 것은 이뿐만이 아니다. 우주의 구조와 거기에 존재하는 모든 물질의 특성은 빅뱅 후 1분 사이에 일어난 일련의 사건에 의해 결정되었다. 탄생 직후의 우주는 초고온, 초고밀도의 작은 공이었으나 급속한 팽창과 함께 온도가 낮아지면서 다양한 상태의 물질과 에너지가 만들어졌고, 원래 하나였던 힘은 네 종류로 분리되었다. 정확한 비유는 아니지만, 이 과정은 온도가 내려가면서 수증기가 물로 변했다가 다시 얼음으로 변하는 과정과 비슷하다. 기체가 액체로, 또는 액체가 고체로 변하는 현상을 위상변화phase transition라 하는데, 우주 창조의 순간에 일어났던 위상변화는 우리가 알 수 없는 초기 조건에 의해 크게 좌우되었다.

빅뱅이 일어나기 전에는 현재 우주에 존재하는 모든 물질과 에너지가 원자보다 훨씬 작은 영역에 똘똘 뭉쳐 있었으므로, 온도와 압력이 상상을 초월할 정도로 높았을 것이다. 이 상태는 10^{-43}초 동안 계속되었는데(참고로 10^{-2}는 0.01이며, 10^{-43}은 소수점 아래로 0이 42개 붙은 후 비로소 1이 등장한다), '시대'라는 이름으로 부르기에는 너무 짧은 시간이지만 아무튼 이 시간대를 '플랑크 시대Planck epoch'라 한다. 20세기에 양자역학quantum mechanics을 창시했던 독일의 물리학자 막스 플랑크Max Planck의 이름에서 따온 용어이다. 이 시대에 자연의 기본 힘은 단 한 종류뿐이었다(이토록 짧은 시간을 '시대epoch'라고 부르다니, 수백만~수십억 년 단위의 지질학적 연대에 익숙한 지질학자들이 혀를 찰 일이다). 자연에 존재하는 기본 힘은 입자의 교환을 통해 작용하며, 이때 교환되는 입자를 매개 입자라 한다. 예를 들어 전자기력electromagnetic force의 매개 입자는 빛의 구성 입자인 광자光子, photon이다. 자석이 냉장고에 붙는 것은 바로 이 전자기력 때문이다. 다른 힘들[약한 핵력(약력), 강한 핵력(강력), 중력]도 교환하는 입자는 다르지만 비슷한 방식으로 작용한다. 빅뱅 직후에 이 매개 입자들이 한 종류였다면 현존하는 4개의 힘들은 하나의 통일된 힘으로 존재했을 것이다. 물리학자들은 하나의 힘이 4개로 분리된 과정을 수학적으로 설명하기 위해 1950년대부터 "통일장이론Unified Field Theory, UFT" 또는 "만물의 이론Theory of Everything, TOE"을 연구해왔는데, 전자기력(전하를 띤 입자들 사이에 작용하는 전기력과 자성을 띤 물체 사이에 작용하는 자기력을 통합한 힘)과 약력(모든 종류의 붕괴 현상에 관여하는 힘), 그리고 강력(원자핵의 내부에서 작용하는 힘)은 하나로 통일했지만 중력(우리의 몸을 땅 위에 붙잡아두는 힘)만은 아직 통일하지 못했다. 요즘은 초끈이론superstring theory이나 고리양자중력이론loop quantum gravity이 통일장이론의 대안으로 떠오르는 중이다. 그렇다고 통일장이론이 실패한 이론이라는 뜻은 아니다. 중력을 제외한 세 종류의 힘을 하나로 통일하는 작업은 이론과 실험에서 커다란 성공을 거두었다. 이것이 바로 입자물리학의 "표준 모형Standard Model"으로, 전자기력과 약력, 강력의 작용 원리 및 이들이 하나로 통일되는 원리를 수학적으로 설명하는 이론이다. 게다가 지난 2012년에 이론물리학의 최대 현안이었던 힉스 입자Higgs particle(모든 입자에 질량을 부여하는 입자. 영국의 물리학자 피터 힉스Peter Higgs의 이름에서 따온 용어)가 발견되어 표준 모형의 입지가 한층 더 탄탄해졌다.

이야기가 잠시 딴 곳으로 흘렀다. 빅뱅 이야기가 나오면 많은 사람들이 이런 의문을 떠올린다. "빅뱅 전에는 무엇이 있었는가?" 매우 논리적이고 타당한 질문이다. 그러나 안타깝게도 이것은 현대물리학과 천문학의 수준을 넘어선 질문이다. 플랑크 시대에 우주가 어떤 상태였는지도 확실치 않다. 다만, 플랑크 시대가 끝날 무렵부터 단단히 뭉쳐 있던 우주가 불안정해지면서 빠르게 팽창했다고 추정할 뿐이다.

그후 우주는 10^{-35}초 동안 상상을 초월하는 속도로 빠르게 팽창했다. 이 시간대를 인플레이션 시대Inflation epoch라 한다. 여기서 말하는 '인플레이션'이란 물가상승이 아니라 '급속한 팽창'이라는 뜻이다. 우주는 이 짧은 시간 동안 10^{70}배 가까이 커졌는데, 그래봐야 크기는 직경 몇 m에 불과했다. 여기서 한 가지 짚고 넘어갈 것은 인플레이션 시대의 팽창 속도가 빛보다 훨씬 빨랐다는 점이다.* 인플레이션은 하나의 역장力場, force field에 저장되어 있던 에너지가 방출되면서 일어났으며, 이 에너지는 훗날 우주에 존재하게 될 모든 물질과 에너지의 원천이 되었다.

원래 빅뱅이론은 논란의 여지가 다분한 가설이었다. 그러나 인플레이션이론이 앞서 언급했던 우주배경복사CMB의 분포를

---

* 아인슈타인의 특수상대성이론에 의하면 어떤 물체나 신호도 빛보다 빠를 수 없다. 그러나 이 경우는 물체나 신호가 직접 이동하는 것이 아니라 공간 자체가 팽창하고 있으므로 빛보다 빨라도 문제될 것이 없다.

설명함으로써 우주가 시작된 시점을 명확하게 밝혀준 덕분에 우주 탄생의 정설로 자리 잡을 수 있었다. 예를 들어 우주배경복사는 우주 전체에 걸쳐 온도가 거의 같다. 빅뱅이 일어나고 거의 140억 년이 지났는데 우주 반대편에 있는 두 지점의 온도가 아직도 같다는 것은 태초에 이 지점들이 꽤 긴 시간 동안 접촉 상태에 있었음을 의미한다. 만일 두 지점이 접촉 상태에 있지 않았다면 아무런 정보도 교환되지 않았을 것이므로, 오늘날 온도가 같은 이유를 설명할 방법이 없다. 과거의 빅뱅이론은 이 문제를 해결하지 못하여 한동안 위기에 처했다가 인플레이션이론 덕분에 극적으로 살아났다. 하나의 점에 가까웠던 우주가 급속도로 팽창하여 유한한 크기에 도달하면 모든 영역이 동일한 온도를 유지할 수 있기 때문이다. 그후에도 우주는 이전보다 느린 속도로 계속 팽창했지만 공간의 모든 지점이 이미 정보를 교환했기 때문에 균일한 온도 분포가 지금까지 유지될 수 있었다.*

인플레이션 시대가 끝난 후 에너지 밀도가 낮아지면서 곳곳에 물질이 탄생하기 시작했다. 질량(물질)과 에너지는 아인슈타인의 유명한 방정식 $E=mc^2$를 통해 서로 연결되어 있다[E는 에너

* 물론 우주공간의 온도는 꾸준히 식어서 -270℃까지 내려갔다.

지, m은 질량이고 c는 빛의 속도(광속)를 의미한다]. 최초의 물질은 쿼크quark라는 소립자로 이루어진 수프 형태였다. 쿼크는 양성자proton와 중성자neutron를 구성하는 입자이고, 양성자와 중성자는 원자핵을 이루는 입자이다. 이외에 엄청난 양의 에너지가 질량이 훨씬 작은 렙톤lepton과 질량이 아예 없는 광자 형태로 등장했다. 렙톤은 강력을 교환하지 않는 입자로서 전자eletron와 뉴트리노neutrino(중성미자)가 여기 속한다. 전자는 원자핵의 주변을 돌고 있는 입자로서 음전하를 띠고 있으며, 전선에 전류를 흘려서 이 세상이 돌아가도록 만들어주는 고마운 입자이다. 뉴트리노는 질량이 거의 0에 가깝고 다른 입자와 상호작용을 거의 하지 않기 때문에 지구만 한 행성 수십 개를 일렬로 세워놓아도 가볍게 통과한다. 지금도 태양에서 날아온 뉴트리노가 당신의 몸을 수시로 관통하고 있다. 일반적으로 렙톤은 '원자핵의 구성에 참여하지 않는 입자'로 정의된다.

인플레이션 직후에도 쿼크들끼리 결합하기에는 온도가 너무 높았다.* 그러나 이후 10^{-5}초 사이에 꽤 많은 사건이 일어났다. 특

* 온도가 높다는 것은 입자의 속도가 빠르다는 뜻이다. 빠르게 스쳐 지나가는 사람들끼리 악수를 하기 어려운 것처럼, 빠르게 움직이는 입자들은 결합하기 어렵다.

히 입자들이 결합하면서 물질과 반물질이 거의 비슷한 양만큼 형성되었다. 모든 입자는 자신과 질량이 같고 전하의 부호가 반대인 파트너를 갖고 있는데, 이들을 반입자antiparticle라 한다. 예를 들어 전자의 반입자는 양전자positron이고, 뉴트리노의 반입자는 반뉴트리노anti-neutrino이다. 일반적인 입자로 이루어진 물질을 그냥 '물질'이라 하고, 반입자로 이루어진 물질을 '반물질antimatter'이라 한다. 물질과 반물질이 따로 존재할 때는 아무 일도 안 일어나지만, 둘이 접촉하면 복사에너지를 방출하면서 순식간에 사라진다. 이 과정을 쌍소멸pair-annihilation이라 하는데, 이때 방출된 복사에너지의 양은 $E=mc^2$을 통해 결정된다(여기서 m은 물질과 반물질의 질량의 합이다). 빅뱅 후 10^{-5}초가 지났을 때 이들은 짧은 시간 동안 공존하다가 서로 만나면서 다량의 복사에너지를 남기고 사라졌다. 그러나 다행히도 물질이 반물질보다 조금 많았기 때문에 별과 은하, 행성 등 다양한 천체들이 존재할 수 있었다.

여기서 잠깐, 돌발 퀴즈: 반물질이 물질보다 많았다면 어떻게 되었을까? 답: 아무것도 달라지지 않는다. 다만 별과 행성, 그리고 우리의 몸을 비롯한 모든 것이 반물질로 이루어졌을 것이고, 우리는 그것을 '물질'이라 부르고 있을 것이다. 원래 "이기는 편이 우리편" 아니던가?

아직 발견되지는 않았지만 우주의 대부분을 차지할 것으로 예상되는 암흑물질dark matter도 이 무렵에 탄생했고, 빅뱅 후 10^{-5}초가 거의 다 되어가던 무렵에 비로소 쿼크들이 결합하여 양성자와 중성자가 만들어졌다. 그러나 아직은 온도가 너무 높아서 원자는커녕 원자핵도 아직 만들어지지 않았다. 양성자와 중성자는 '강입자hadron'에 속한다.* 그래서 천체물리학자들은 빅뱅 후 10^{-5}초까지를 '강입자 시대Hadron epoch'로 부르고 있다.

강입자 시대가 끝난 후에도 온도는 여전히 높았기 때문에, 광자는 자신의 에너지를 질량으로 변환하여 물질과 렙톤을 만들어 냈으나, 빅뱅 후 1초가 지났을 무렵에는 렙톤의 생산이 중단될 정도로 온도가 낮아졌다. 그래서 빅뱅 후 10^{-5}~1초 사이를 '렙톤 시대Lepton epoch'라 한다. 오늘날 우주에 존재하는 렙톤의 대부분은 이 시기에 만들어진 것이다(핵반응을 통해 생성된 렙톤은 예외이다).

양성자와 중성자를 합해서 '핵자核子, nucleon'라 한다. 빅뱅 후 1~100초에는 우주가 한층 더 식어서 양성자와 중성자가 결합하

* 그외에 중간자meson도 강입자에 속한다.

여 최초의 원자핵이 만들어졌다. 그러나 혼자 돌아다니는 중성자(이것을 '자유중성자free neutron'라 한다)는 상태가 불안정하기 때문에 양성자와 전자로 붕괴되려는 경향이 있다. 그래서 빅뱅 후 100초가 지났을 무렵에는 평균 16개의 핵자 중 양성자가 14개, 중성자가 2개였으며 이들 중 양성자 2개와 중성자 2개가 결합하여 헬륨He 원자핵이 되었고, 남은 12개의 양성자는 수소H 원자핵이 되었다.* 그런데 양성자와 중성자는 질량이 거의 같기 때문에, 이 시기에 우주에 존재하는 질량의 1/4(4/16)은 헬륨이었고 나머지 3/4(12/16)은 수소였다. 이외에 수소의 동위원소(양성자 1개와 중성자 1개로 이루어진 중수소)와 리튬Li 등 조금 더 무거운 원소들도 있었지만 온도가 너무 빠르게 내려갔기 때문에 양이 많지는 않았다. 빅뱅이론에 의하면 현재 우주에 존재하는 질량의 75%는 수소이고 25%는 헬륨이며 리튬보다 무거운 원소들이 나머지 극소량을 채우고 있는데,** 이 예상 분포가 관측 결과와 일치한다면 빅뱅이론의 타당성은 다시 한 번 입증되는 셈이다.

렙톤 시대가 끝난 후에도 우주는 여전히 뜨거워서 향후 10만

---

* 양성자가 무슨 변신을 하여 수소 원자핵이 된 것이 아니라, 양성자가 곧 수소 원자핵이다. 수소 원자핵은 중성자 없이 양성자 한 개로 이루어져 있다.

** 무거운 원소들이 0.5%도 채 안 된다는 뜻이다.

년 동안은 원자가 만들어지지 않았다(완전한 원자가 형성되려면 원자핵이 전자를 포획해야 한다). 이 시기에는 광자에서 생성된 물질의 밀도가 너무 높았기 때문에 우주 전체가 불투명했고, 에너지가 너무 커서 원자핵과 전자가 하나의 혼합체(원자)를 이루지 못하고 별개로 존재했다. 빅뱅 후 1초~10만 년 동안은 우주 전체가 광자로 가득 차 있었기 때문에 '복사 시대Radiation epoch'라고 한다. 이 시대가 끝날 무렵에 질량과 광자의 밀도가 낮아져서 드디어 빛이 자유롭게 돌아다닐 수 있게 되었다. 즉 우주가 투명해진 것이다. 그리고 빅뱅 후 약 38만 년이 지났을 무렵에 온도가 충분히 낮아져서 드디어 완벽한 원자가 만들어지기 시작했고, 이때부터 시작된 물질 시대Matter epoch는 지금까지 계속되고 있다. 앞서 언급했던 우주배경복사는 이 시기에 마지막으로 방출된 에너지의 흔적이다. 최후의 핵융합 때 방출된 에너지는 급속팽창(인플레이션) 후 형성된 쿼크의 수프 속에서 약간 불규칙하게 분포되어 있었는데, 그후 우주가 팽창하는 동안 이 상태가 그대로 유지되어 우주배경복사에 거대한 흔적을 남겼다.*

복사 시대가 끝나고 빛이 자유를 얻은 후 원자의 형성과 함께

---

* 에너지의 불규칙한 분포는 현재 우주배경복사의 온도 차이라는 흔적으로 남아 있다.

에너지가 다량으로 방출되면서 우주는 향후 3억 년 동안 암흑기 Dark Age를 맞이하게 된다. 온도가 충분히 내려가고 물질이 넓은 영역으로 충분히 퍼져 나갔기 때문에 광원光源, light source이 사라진 것이다.

암흑기가 끝날 무렵, 수소-헬륨 기체의 밀도에 약간의 요동이 일어났고 여기에 중력이 작용하여 밀도가 높은 지역으로 질량이 모여들기 시작했다. 특정 지역에 질량이 집중되면 그곳의 중력이 주변보다 강해져서 더욱 많은 질량이 모여든다. 그리고 중력의 세기는 거리에 관계하기 때문에(거리의 제곱에 반비례한다), 기체가 집중되다 보면 자연스럽게 구형을 띠게 된다. 이렇게 탄생한 것이 바로 '별'이었다.

최초의 별은 수소와 헬륨이 주성분이었다. 우주공간에 별이 등장하면서 3억 년에 걸친 암흑기는 비로소 막을 내리게 된다. 1세대 별들의 내부에서는 헬륨보다 무거운 원소들이 만들어졌고(이 내용은 다음 장에서 다룰 예정이다), 거대한 구름 속에서 태어난 작은 별들이 중력으로 뭉치면서 최초의 은하가 탄생했다. 대부분의 은하들은 빅뱅 후 10~30억 년에 형성된 것으로 추정된다. 은하들은 우주가 팽창함에 따라 서로 멀어지고 있지만 이들 사이에 중력이 작용하여 거대한 집단이 형성되기도 하는데, 이것을 '은하단cluster of galaxies'이라 한다. 은하단은 우주공간에 가느다란 실처럼 뻗어 있으며, 은하단이 모여서 형성된 초은하단supercluster은 우주에서 가장 큰 천체 집단으로 알려져 있다.

지구가 속한 은하인 은하수Milky Way는 이웃 은하인 안드로메다 은하Andromeda Galaxy와 점점 가까워지고 있다. 두 은하 사이에 작용하는 막대한 중력 때문이다(언젠가는 서로 충돌할 운명이다. 그러나 이것은 먼 훗날의 일이므로 밤잠을 설칠 필요는 없다). 이들은 처녀자리 은하단Virgo Cluster에 속해 있으며, 처녀자리 은하단은 이보다 훨씬 방대한 라니아케아 초은하단Laniakea Supercluster의 일부이다. 빅뱅 후 최초의 은하가 형성될 때까지는 약 10억 년이 걸렸지만, 은하단과 초은하단이 형성될 때까지는 10~20억 년이 더 소요되었다.

오늘날 우주에 존재하는 은하들은 크기와 모양이 제각각이지만 기본적인 형태는 몇 가지로 정리할 수 있다. 가장 큰 축에 속하는 은하들은 대부분이 타원 은하elliptic galaxy인데, 이곳에는 수천 억 개의 별들이 타원형으로 모여서 가운데를 중심으로 각자 다른 궤도를 따라 공전하고 있다. 은하수와 안드로메다 은하는 몇 개의 나선 팔이 회전하고 있는 나선 은하spiral galaxy의 대표적 사례로서, 옆에서 보면 가늘고 납작하고 위에서 내려다보면 거의 원형에 가깝다. 은하를 이루는 거대 가스구름과 별들이 중심부의 중력에 끌릴 때는 회전축과 나란한 방향이 아니라 수직 방향으로 힘을 받기 때문에, 대부분의 은하는 납작한 형태를 띠고 있다(태양계가 형성될 때도 이와 비슷한 과정을 거쳤다. 자세한 내용은 나중에 다룰 것이다). 우주공간에서 질량 분포의 균형이 국소적으로 깨지면 근처에 있는 대부분의 질량이 한곳으로 집중된다. 태양계의 경우에도 질량이 가장 많이 집중된 곳에서 태양이 탄생했다. 은하의 중심부에는 초대형 블랙홀black hole이 자리 잡고 있는 것으로 추정된다. 블랙홀은 질량이 크고 밀도가 높은 천체로서 빛조차 빠져나오지 못할 정도로 강한 중력을 발휘하고 있다.

은하의 평균 크기는 10만 광년쯤 된다(광년光年, light year은 '빛이 1년 동안 진행하는 거리'로 정의된 거리의 단위로서, 1광년은 약 10조km이다. 예를 들어 태양계의 가장 바깥에 있는 해왕성은 태양으로부터 무려 45억km나 떨어져 있지만, 광년 단위로 환산하면 1/2,000광년도 채 안 된다). 우리 은하는 수천억 개의 별들로 이루어져 있다. 그러나 관측 자료에 의하면 별들의 질량을 모두 합해도 은하 전체의 질량에는 턱없이 못 미친다. 앞에서 은하가 별들로 이루어져 있다고 해놓고, 이건 또 무슨 소리인가? 별 외에 다른 구성 요소가 또 있다는 말인가? 그렇다. 눈에 보이는 별은 일부분에 불과하며, 은하의 대부분은 눈에 보이지 않는 암흑물질로 이루어져 있다.

1960년대에 미국의 물리학자 베라 루빈Vera Rubin과 동료들은 원반형 나선 은하에 속한 대부분의 별들이 중심과의 거리에 관계없이 거의 똑같은 속도로 공전하고 있다는 놀라운 사실을 발견했다. 태양계의 행성들은 중심(태양)과의 거리가 멀수록 공전 속도가 느리다. 행성을 붙잡아두는 힘은 태양의 중력뿐인데, 중력은 거리가 멀수록 약해지기 때문이다(독일의 천문학자 케플러가 알아낸 '행성의 운동 법칙'에 의하면 행성의 공전주기의 제곱은 공전궤도의 반지름의 세제곱에 비례한다). 그러므로 은하를 구성하는 별들의 공전 속도가 거리와 무관하게 일정하다는 것은 중심에서 멀리 떨어진 별일수록 궤도 안에 많은 질량이 포함되어 있어서 그 별을 잡아당기는 중력이 강하다는 뜻이다. 그러나 모든 별들이 이런 식으로 공전하려면 은하의 총질량이 관측을 통해 밝혀진 질량보다 훨씬 커야 한다. 다시 말해 질량 분포가 지금과 같은 상태에서 별들이 동일한 속도로 움직이면 은하가 산산이 흩어진다는 이야기다. 그런데도 우리 은하는 나선 모양을 멀쩡하게 유지하고 있다. 대체 비결이 뭘까? 천문학자들은 수십 년 동안 골머리를 앓던 끝에 "망원경으로 보이지 않는 물질이 은하 곳곳에 퍼져서 모자라는 질량을 채우고 있다"고 결론짓고, 이 미지의 물질에 '암흑물질'이라는 이름을 붙여놓았다.

은하뿐만이 아니다. 대부분의 은하들은 은하단 안에서 움직이고 있는데, 지금과 같은 속도라면 은하들은 중력을 극복하고 은하단 밖으로 산산이 흩어져야 한다. 망원경으로 관측된 질량이 속도에 비해 형편없이 모자라기 때문이다. 그러므로 이 경우에도 눈에 보이지 않는 질량이 대량으로 분포되어 은하들이 흩어지지 않도록 붙잡고 있다고 생각하는 수밖에 없다. 빛이 은하단과 같은 거대한 질량을 통과할 때 경로가 휘어지는 '중력렌즈 효과gravitational lens effect'도 암흑물질의 존재를 간접적으로 입증하고 있다.

은하와 은하단의 형태를 유지시켜주는 암흑물질이 눈에 보이지 않는 이유는 마이크로파에서 자외선에 이르는 모든 파장대의 빛과 상호작용을 하지 않기 때문일 것이다. 최근 들어 천문학자들은 우주에 존재하는 질량의 대부분이 암흑물질이며, 최초의 은하에도 수소나 헬륨보다 암흑물질이 훨씬 많았다고 결론지었다. 그러나 아직은 간접 증거밖에 없기 때문에 암흑물질의 구성 성분은 완전히 미스터리로 남아 있다.

우주는 빅뱅 후 지금까지 잠시도 쉬지 않고 팽창해왔다. 그렇다면 앞으로는 어떻게 될까? 초기의 폭발 에너지가 워낙 강력하여 팽창 속도는 느려지면서도 영원히 팽창할 것인가? 아니면 허공으로 던진 공이 중력에 이끌려 다시 떨어지는 것처럼, 우주도 언젠가는 팽창을 멈추고 중력에 의해 수축될 것인가? 최근 연구결과에 의하면 두 가지 시나리오가 모두 가능한데, 이상하게도 팽창 속도는 다시 빨라지고 있다. 중력은 무한히 먼 거리까지 작용하는 힘이므로, 이 사실만 놓고 본다면 팽창 속도는 점점 느려져야 할 것 같다. 위로 던진 공이 점점 빨라질 수는 없기 때문이다. 그러나 우주의 팽창 속도는 분명히 빨라지고 있다. 천문학자들은 문제를 해결하기 위해 공간에 압력을 가하여 팽창을 가속시키는 '암흑에너지dark energy'의 개념을 도입했다(암흑물질과 암흑에너지는 아무런 관계도 없다. 둘 다 눈에 보이지 않는 미지의 존재여서 '암흑'이라는 접두어가 붙은 것뿐이다). 암흑에너지가 낳은 힘은 은하와 같이 큰 스케일에서 작용하기 때문에, 우주가 충분히 커지기 전까지는 중요한 역할을 하지 못했다. 암흑에너지가 중력보다 강해져서 우주의 팽창 속도가 다시 빨라지기 시작한 것은 지금으로부터 약 40억 년 전의 일이었다(우리의 태양계보다도 경력이 짧다). 비유하자면 높은 지대에 나 있는 웅덩이에 물이 차다가 넘쳐서 주변 경사로를 타고 흘러내리는 상황과 비슷하다.

우주에 존재하는 질량과 에너지의 70%는 암흑에너지이고(앞서 말한 바와 같이 질량과 에너지는 $E=mc^2$을 통해 연결되어 있다), 25%는 암흑물질이 차지하고 있다. 별과 행성, 인간 등 우리에게 친숙한 물질은 나머지 5%에 불과하다. 게다가 이들은 거의 대부분이 수소와 헬륨으로 이루어져 있다. 그러나 암흑물질과 암흑에너지는 은하와 같이 큰 규모의 우주에서 작용하기 때문에, 인간의 한정된 감각으로는 그들의 존재를 느낄 수 없다. 우리는 그저 침대에서 일어나거나 계단을 올라갈 때, 또는 커피를 따를 때 작용하는 중력을 느낄 뿐이다. 만일 우리의 몸이 벌레나 미생물만큼 작아진다면 중력보다 전자기력을 강하게 느끼며 살아갈 것이다. 작은 세계를 지배하는 정전기력과 마찰력, 표면장력 등은 모두 전자기력에 속하기 때문이다(벽을 타고 올라가거나 천장에 붙은 채 기어가는 개미에게 중력은 있으나 마나 한 힘이다). 이와 마찬가지로, 암흑에너지와 암흑물질을 전혀 느끼지 못하는 우리는 거시적 규모에서 볼 때 벌레와 비슷한 존재이다.

2

별과 원소

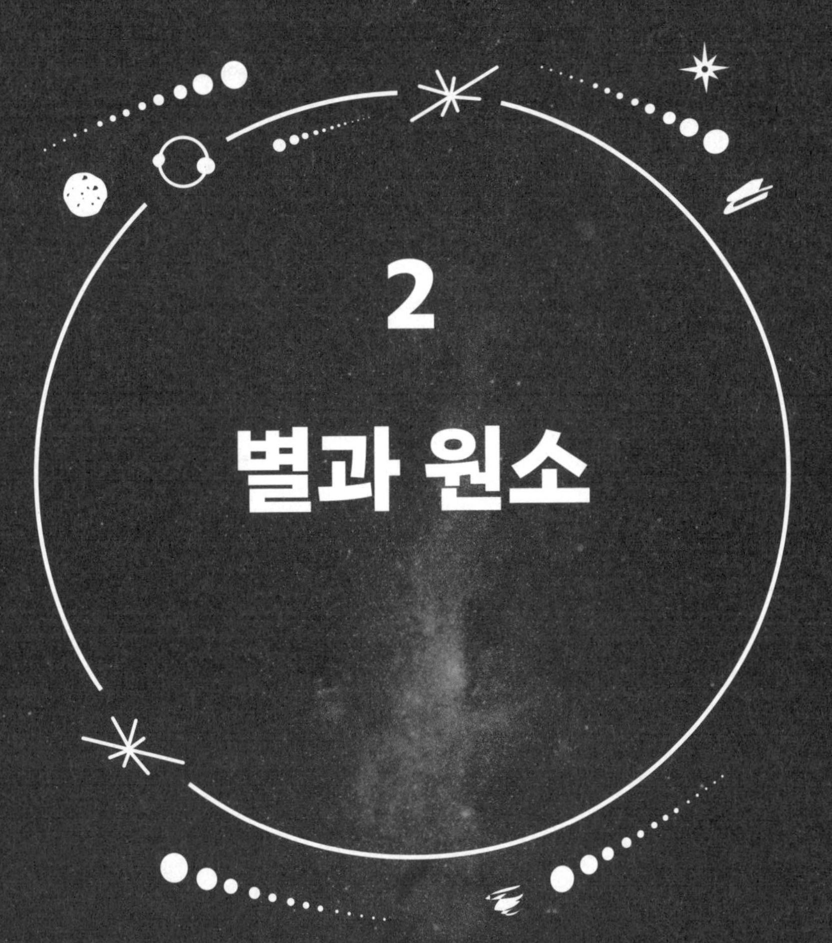

우주의 암흑기는 수소-헬륨 구름(그리고 암흑물질)이 중력으로 수축되어 최초의 별과 은하가 탄생하면서 막을 내렸다. 별은 지금도 생성되고 있는데, 특히 '창조의 기둥'으로 알려진 독수리 성운星雲, Eagle Nebula에서는 새로운 별과 태양계가 수시로 탄생하고 있다. 그러나 앞서 말한 대로 최초의 기체구름은 주성분이 수소와 헬륨이었기 때문에, 이로부터 지구와 같은 행성이 탄생할 가능성은 눈곱만큼도 없었다. 그렇다면 주기율표에 나와 있는 그 많은 원소들은 어디서 온 걸까? 지금부터 이 이야기를 할 참이다. 결론부터 말하자면 리튬, 베릴륨, 탄소, 산소, 질소, 납, 철 등 헬륨보다 무거운 원소들은 별의 내부에서 핵융합 반응을 통해 만들어졌다.

기체구름이 자체 중력으로 수축되기 시작하면 구성 분자들이 중심으로 모여들면서 속도가 점점 빨라진다(비탈길을 굴러 내려오는 공이 점점 빨라지는 현상과 비슷하다). 가속된 분자들이 서로 부딪히면 운동에너지가 열로 전환되어 구름의 온도와 압력이 높아지고, 이 값이 어느 한계에 이르면 수축이 중단된다(수축된 구름의 크기와 형태에 관해서는 다음 장에서 다룰 예정이다).

기체구름이 중력으로 수축되는 정도는 질량에 따라 다르다. 초기 질량이 작으면 수축이 조금 진행되다가 멈추고, 질량이 크면 중력이 강하기 때문에 중심부가 아주 뜨거워질 때까지 수축된다.

기체구름의 수축을 유발하는 원인은 중력 외에 몇 가지가 더 있다. 대부분의 구름은 수소 기체로 이루어져 있고, 하나의 수소 분자는 두 개의 수소 원자로 이루어져 있다. 구름의 중심부가 충분히 뜨거워지면 수소 분자가 원자로 분리되면서 에너지를 흡수하여 온도 상승을 방해하기 때문에 구름은 계속 수축될 수 있다. 이 과정은 물이 끓으면서 위상변화가 일어날 때 나타나는 현상과 비슷하다(빅뱅을 설명할 때에도 이와 유사한 비유를 든 적이 있다). 뜨거운 난로에 물이 담긴 그릇을 올려놓고 기다리면 물의 온도가 계속 올라가다가 어느 순간부터 끓기 시작한다. 그러나 액체가 기체로 변하려면 별도의 에너지가 필요하기 때문에, 물이 완전히 증발할 때까지는 온도가 올라가지 않는다. 수축되는 구름에서도 수소 분자가 원자로 분리되면서 열을 흡수하기 때문에, 모든 분자가 원자로 분리될 때까지는 온도가 거의 올라가지 않는다(단, 구름의 온도는 부위마다 다르기 때문에 이 현상도 국지적으로 나타난다). 이 과정은 구름의 중심부에서 또 한 차례 일어난다. 수소 분자가 원자 단위로 완전히 분리된 후 온도가 계속 올라가면 수소 원자가 전자를 잃고 이온이 되면서 에너지를 흡수하여 온도를 일정하게 유지시킨다. 이것은 또 다른 형태의 위상변화로 생각할 수 있다.

그러나 질량이 엄청나게 큰 구름은 위에 열거한 부수적 도움 없이도 자체 중력만으로 충분히 수축될 수 있다. 구성 원소가 수소와 헬륨뿐이었던 최초의 구름은 태양의 수천 배, 또는 수백만 배에 달하는 질량에서 출발하여 태양보다 질량이 수백 배 큰 별이 되었을 것으로 추정된다(이 시기에 형성된 별을 'III 종족 별Population III stars'이라 하는데, 망원경으로 발견된 사례는 없다). 질량이 작은 구름이 수축하면 작은 별이 될 수밖에 없으므로, 위상변화라는 장벽을 극복하고 계속 수축되려면 수축을 유발하는 다른 요인이 있어야 한다. 예를 들어 거성巨星, giant star은 최후의 순간에 초신성supernova이 되어 대폭발을 일으키는데*, 이때 발생한 충격파가 근처에 있는 수소-헬륨 구름에 영향을 미쳐서 수축을 유발할 수도 있다. 이런 식으로 의외의 도움을 받아 형성된 최초의 작은 별들은 수명이 매우 길기 때문에, 우주의 나이를 추적하는데 중요한 단서를 제공해준다. 우리 태양계의 나이도 태양계와 거의 동시에 태어난 운석을 분석하여 알 수 있는데, 이 내용은 잠시 후에 다룰 예정이다.

수축하는 구름의 온도가 약 1천만°C에 도달하면 드디어 별이 탄생한다. 이 온도에서는 이온화된 수소들의 속도가 충분히 빨라서 전기적 척력을 이기고(이온화된 수소는 양성자이고, 양성자는 양전하를 띠고 있으므로 서로 밀어낸다) 융합 반응을 일으켜서 2개의 양성자와 2개의 중성자로 이루어진 헬륨 원자핵이 된다. 핵융합

* '초신성'이라는 용어에 대하여 한 가지 짚고 넘어갈 것이 있다. 천문학에서 변광성, 초거성, 주계열성 등 '~성'으로 끝나는 용어는 (고유명사를 제외하고) 특정 부류의 '별'을 의미한다. 그러나 '초신성 폭발'은 어떤 별이 초신성이라는 신분으로 존재하다가 어느 순간에 폭발했다는 뜻이 아니라, 폭발이 일어나면서 비로소 초신성이 되었다는 뜻이다. 즉 "아직 폭발하지 않은 초신성"이란 존재하지 않는다. 제아무리 큰 별이라 해도 거리가 멀면 수명을 다하여 폭발해야 비로소 눈에 보이기 때문에, 그때부터 초신성으로 불리는 것이다. 그러므로 엄밀히 말해서 초신성은 특정 부류의 '별'을 칭하는 용어라기보다, "질량이 큰 별이 수명을 다하여 폭발하는 현상"을 뜻하는 용어이다.

과정에서는 질량의 일부가 에너지로 변환되는데, 여기에 아인슈타인의 방정식 $E=mc^2$를 적용하면 방출되는 에너지의 양을 계산할 수 있다(E는 에너지, m은 질량이고 c는 빛의 속도로서 약 30만km/s이다. 이 속도도 달리면 1초 동안 지구를 7.5바퀴 돌 수 있다). 다들 알다시피 c의 값은 매우 크고 c^2은 상상을 초월할 정도로 크다. 그래서 아무리 작은 질량이라도 에너지로 변환되면 막강한 위력을 발휘한다. 예를 들어 1mg(1밀리그램 또는 0.001g. 작은 알약의 질량이 이 정도이다)의 질량이 모두 에너지로 변환되면 4만 리터의 물을 증발시킬 수 있고, 60mg이 에너지로 변하면 올림픽 규격의 수영장 물을 깔끔하게 증발시킬 수 있다. 핵융합 과정은 1920~30년대에 발견된 후 아서 에딩턴Arthur Eddington, 한스 베데Hans Bethe, 프레드 호일Fred Hoyle 등의 연구를 거치면서 별의 핵합성이론nucleosynthesis theory으로 발전했다.

수소 원자 4개의 질량은 헬륨 원자핵의 질량보다 조금 크다. 그래서 수축되는 구름이 임계온도에 도달하여 핵융합 반응이 시작되면 질량의 일부가 에너지로 변환된다. 그런데 이 양이 엄청나게 크기 때문에(c^2의 위력!) 구름은 수축을 멈추고 약 1천만°C의 온도를 유지하게 되는데(태양 중심부의 온도는 약 1,500만°C이다), 이 상태에 도달한 구름을 '별'이라고 부른다. 지금 우리의 태양도 핵융합 과정에서 방출된 에너지(열)가 중력에 의한 수축을 버티면서 아슬아슬하게 균형을 유지하고 있다.

핵융합 반응은 별 내부의 모든 곳에서 일어나지 않고 제일 깊은 '코어core'에서만 일어난다. 코어의 외부는 온도가 낮아서 핵융합이 일어나지 않으며, 코어에서 발생한 열이 대류對流(뜨거운 것은 위로 올라가고 차가운 것은 아래로 내려가면서 전체적으로 가열되는 현상. 이로 인해 태양의 표면에 쌀알 같은 무늬가 나타나는데, 이를 '태양 과립화solar granulation'라 한다)를 통해 별의 표면으로 올라오면 복사에너지(광자) 형태로 방출되어 지구에 도달한다. 이것이 바로 우리 눈에 보이는 태양 가시광선의 정체이다. 또한 태양의 표면에서는 전자와 양성자가 태양풍solar wind 형태로 방출되어 지구를 비롯한 여러 행성에 쏟아지고 있다.

우리의 태양과 질량이 비슷하거나 적색왜성red dwarf처럼 태양보다 작은 별들은 핵융합을 통해 '적당한' 온도에 도달하면 더 이상 수축되지 않는다. 이들은 작은 덩치에도 불구하고 수소 핵융합 반응을 매우 오랜 시간 동안 유지하는 '장수형 별'로 알려져 있다.

아궁이에서는 마른 장작이 오래 타지만 우주에서는 작은 별이 오래 탄다. 여기에는 몇 가지 이유가 있는데, 가장 근본적인 이유는 수소 원자핵 융합 자체가 자주 일어나는 사건이 아니기 때문이다. 수소 원자핵(양성자) 4개를 합쳐놓았다고 해서 곧바로 헬륨 원자핵이 되는 것은 아니다. 별의 내부에서 수소가 헬륨으로 변하려면 몇 단계의 양성자-양성자 반응p-p reaction을 거쳐야 하는데, 첫 단계로 양성자들이 빠른 속도로 충돌하면 전기적 척력을 이기고 2개의 양성자로 이루어진 헬륨 동위원소 ^{2}He가 만들어진다(두 원자핵의 양성자 개수는 같으면서 중성자 개수가 다를 때, 이들을 동위원소isotope라 한다. 중성자는 전기전하가 없기 때문에, 개수가 달라도 원소의 화학적 특성은 달라지지 않는다. 헬륨의 모든 동위원소는 양성자가 2개이고 중성자는 0~8개까지 가능한데, 이들 중 중성자가 1개, 또는 2개인 것만 안정한 상태를 유지할 수 있고 나머지는 순식간에 붕괴된다). 그러나 이 '가벼운 헬륨 핵'은 상태가 불안정하여 오래 유지되지 못하고 전자의 반입자인 양전자와 뉴트리노를 방출하면서 양성자 1개와 중성자 1개로 이루어진 중수소deuterium(수소의 동위원소) 원자핵이 된다. 그후 중수소 원자핵에 세 번째 양성자가 충돌하면 헬륨의 또 다른 동위원소인 ^{3}He(양성자 2개와 중성자 1개)가 만들어지는데, 이 원자핵은 안정하기 때문에 다른 조각으로 붕괴되지 않는다. 마지막으로 ^{3}He 두 개가 빠르게 충돌하면 또 다른 안정한 상태의 헬륨 ^{4}He(양성자 2개와 중성자 2개)가 만들어지고, 이 과정에서 다량의 핵융합 에너지가 발생하여 두 개의 양성자가 빠른 속도로 방출되는데, 이들이 다른 양성자와 또다시 충돌하면서 위에 열거했던 반응이 연쇄적으로 일어나게 된다(마지막 단계에 만들어진 헬륨 원자핵 ^{4}He에는 '알파 입자α-particle'라는 별칭이 붙어 있으며, 우라늄과 같이 무거운 원소가 핵분열을 일으킬 때에도 생성된다).

독자들은 위의 단락을 읽으면서 하품을 두세 번쯤 했을 것이다. 인정한다. 별로 재미있는 내용이 아니다. 그럼에도 불구하고 수소 원자의 융합 과정을 자세히 설명한 이유는 크게 두 가지이다. 첫째, 핵융합은 태양의 생명을 유지하고 지구의 생명체를 먹여 살리는 에너지원이기 때문이다. 생명체뿐만 아니라 해류와 날씨, 기후 등 바다와 대기에서 일어나는 모든 변화도 따지고 보면 태양에서 일어나는 핵융합 덕분이다. 둘째, 양성자-양성자 반응은 매우 느리게 진행되기 때문에 태양은 거의 100억 년 동안 빛을 발할 수 있다. 현재 추정되는 태양의 나이가 약 46억 년이니, 사람으로 치면 한창 일할 나이인 40대에 해당한다. 만일 태양의 핵융합이 빠르게 진행되었다면 지구의 초기 생명체는 사람과 같은 복잡한 생명체로 진화하기 전에 모두 사라졌을 것이다. 그러나 덩치가 작은 별은 수소를 원료 삼아 기껏해야 헬륨밖에 만들지 못하기 때문에, 행성의 탄생에는 거의 아무런 기여도 하지 못한다. 사실 헬륨은 최초의 별이 탄생하기 전에도 수소와 함께 존재했었다(우리 태양의 형성 과정에는 행성에 필요한 다른 원소들도 함께 참여했다. 이 내용도 나중에 언급할 것이다). 그러므로 물질의 창조에 관한 한, 태양과 크기가 비슷하거나 더 작은 별들은 배경에서 노는 엑스트라에 불과하다.

질량이 태양의 15배 이상인 별들은 중심 온도가 1,500만°C에 도달해도 멈추지 않고 계속 수축되면서 무거운 원소를 만들어낸다. 예를 들어 온도가 1억°C에 도달하면 헬륨이 핵융합 반응을 일으켜 탄소와 산소가 생성되고, 이보다 큰 초거성超巨星, super-giant들은 핵융합을 여러 번 반복하여 철까지 만들 수 있다.

무거운 원소를 생산하는 핵융합 중에서 가장 중요한 것은 헬륨 원자핵인 알파 입자(앞서 말한 대로 양성자 2개와 중성자 2개로 이루어져 있다)의 융합이다. 그중에서도 3개의 알파 입자가 두 차례의 반응을 거쳐 탄소로 변환되는 '3중 알파 입자 반응triple-alpha process'은 매우 드물게(그리고 어렵게) 일어나는 사건이어서, 탄소보다 무거운 원소가 생성되기 위해 반드시 거쳐야 할 필수 과정이자 반드시 넘어야 할 장벽이기도 하다. 하지만 일단 탄소가 생성되기만 하면 알파 입자 연쇄 반응alpha chain process이 뒤를 이어받아 한 번에 알파 입자 한 개씩을 추가하여 탄소C→산소O→네온Ne→마그네슘Mg→실리콘Si→……→철Fe까지 연이어 만들어낸다(단, 철은 한 번에 만들어지지 않고 불안정한 니켈Ni이 먼저 생성되었다가 방사능 붕괴를 일으켜 철로 변환된다). 각 단계는 온도와 압력이 이전 단계보다 훨씬 높은 상태에서 진행되며 핵융합 반응이 일어나는 영역도 중심부에 점점 더 집중되기 때문에, 별은 안으로 들어갈수록 무거운 원소로 이루어진 양파 같은 구조를 이루게 된다.

이런 별은 맨 바깥층도 수소를 헬륨으로 바꿀 정도로 뜨거워서 각 층의 핵융합 반응에 필요한 재료를 계속 공급할 수 있다. 단, 안으로 들어갈수록 반응이 빠르게 진행되기 때문에 바깥층에서 헬륨을 생산하는 속도가 우리의 태양처럼 느리다면 아래층의 원소 생산이 중단되거나 일종의 병목현상이 일어날 것이다. 이런 별에서 수소가 헬륨으로 변하는 과정은 CNO 순환 반응*의 도움을 받아 매우 빠르게 진행되기 때문에, 재료 공급이 지연되어 공장 가동이 중단되는 불상사는 일어나지 않는다.

---

* 탄소, 질소, 산소가 양성자 포획과 약력 붕괴를 겪으면서 순환적으로 변하는 반응.

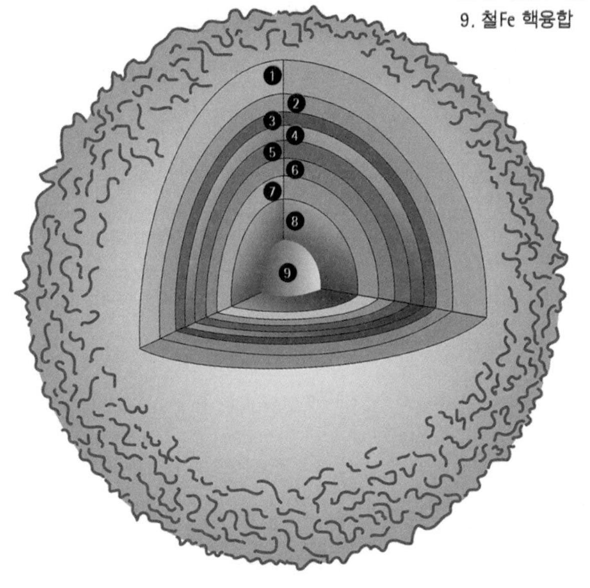

거성의 내부는 양파와 비슷한 다층 구조로 되어 있다. 각 층에서는 핵융합 반응을 통해 새로운 원소가 생성되는데, 안으로 들어갈수록 온도가 높고 원소의 질량도 크다(즉 원자번호가 크다). 제일 바깥층은 수소로 덮여 있으며, 그 아래에서 헬륨, 탄소, 산소, ……, 철이 순차적으로 만들어진다. 별의 내부에서 진행되는 대부분의 핵융합 반응에는 알파 입자가 관련되어 있어서 탄소와 산소, 마그네슘, 실리콘 등 행성과 생명체에게 반드시 필요한 원소가 생산되고 있다.[자료 제공 : Barbara Schoeberl, Animated Earth LLC.]

별의 질량이 충분히 크고, 가장 깊은 중심부의 온도가 충분히 높으면 안정한 상태의 철이 만들어질 수 있다(먼저 니켈의 동위원소가 만들어진 후 방사능 붕괴를 거쳐 철이 된다). 그러나 별의 내부에서 진행되는 '무거운 원소 생산 공정'은 이것으로 끝이다. 철보다 무거운 원소를 생산하려면 일단 질량부터 만들어내야 한다. 별이 보유한 질량만으로는 철보다 무거운 원소를 더 이상 만들 수 없기 때문이다. 그러므로 새로운 원소가 만들어지려면 에너지를 방출하는 대신 흡수해야 하는데, 이런 핵융합은 반응을 촉진하는 대신 오히려 온도를 낮춰서 반응을 중단시킬 것이다.

태양계에서 수소와 헬륨 다음으로 흔한 물질은 알파 입자로 이루어져 있으며, 이들은 지구와 생명체를 구성하는 탄소, 산소, 실리콘, 마그네슘, 칼슘, 철 등의 핵심 성분이다. 지구의 생명체들이 탄소에 기반을 두게 된 원인도 여기서 찾을 수 있다. 탄소는 알파 입자 연쇄 반응에서 제일 먼저 생성되는 원소이기 때문에 어디서나 쉽게 구할 수 있으며, 결합 능력이 뛰어나서 다양한 화합물을 만들 수 있다. 특히 생명의 기본 단위인 유기 분자는 주로 탄소와 수소의 화합물이다. 만일 원시 지구에 각기 다른 원소를 생명의 기반으로 하는 생명체들이 무더기로 등장했다면, 탄소에 기반을 둔 생명체가 압도적으로 유리했을 것이다. 생명

활동에 필수적인 질소N와 인P도 탄소에서 시작된 연쇄 핵융합 과정에서 만들어진다. 결국 당신의 몸을 이루고 있는 모든 원자들은 과거 어느 날 별에서 만들어진 것이다(단, 물에 포함되어 있는 수소는 빅뱅 직후에 만들어졌다). "별의 후손"이라고 하면 무슨 외계인이나 신성한 존재를 떠올리지만, 사실은 우리가 별의 직계 후손인 셈이다.

1869년, 러시아의 화학자 드미트리 멘델레예프Dmitri Mendeleev는 자연에 존재하는 모든 원소를 특정 규칙에 따라 나열한 주기율표periodic table를 만들었다. 이 표에 의하면 철의 원자번호는 26번이고 가장 무거운 천연 원소인 우라늄U은 92번이므로, 철을 기준으로 가벼운 원소는 25종이고 무거운 원소는 66종이나 된다. 그러나 철보다 무거운 원소들은 생성되기가 어렵기 때문에 극히 소량만 존재한다. 이들 중 대부분은 별의 내부에서 진행되는 '느린 중성자 포획slow neutron capture'을 거쳐 생성되며, 이 과정은 철이 다른 융합 반응에서 생성된 중성자를 포획하는 것으로 시작된다. 철의 무거운 동위원소는 상태가 불안정하기 때문에 생성되는 즉시 전자를 방출하면서 중성자 한 개가 양성자로 변하여 코발트Co(원자번호 27)가 되고, 그후에도 이와 비슷한 과정이 계속되면서 점점 더 무거운 원소가 만들어진다. 반면에 모든 과정이 빠르게 진행되는 '빠른 중성자 포획rapid neutron capture'은 거성이 최후를 맞이할 때 일어난다.

앞으로 50억 년이 지나면 우리의 태양은 핵융합 원료인 수소를 소진하고 100억 년의 찬란한 삶을 마감하게 된다. 덩치가 컸다면 핵융합으로 생성된 헬륨을 연료 삼아 핵융합 제2라운드를 본격적으로 재개할 수 있겠지만, 우리의 태양은 애초부터 체중 미달이었다. 핵융합 반응이 중단되면 중력에 대항할 힘이 없기 때문에 태양은 자체 중력으로 수축되고, 중심부의 온도가 1억℃에 도달하면 큰 별처럼 헬륨을 융합하여 탄소와 산소를 만들어낸다. 그러나 이것은 잠시뿐이고, 결국 태양은 핵융합에서 방출된 에너지를 이기지 못하고 대책 없이 부풀면서 적색거성red giant이 되어 수성과 금성, 지구 등의 주변 행성들을 집어삼킬 것이다. 중심부에서는 헬륨 융합이나 알파 입자 연쇄 반응이 일어나고 있지만 연료를 금방 소진하고 다시 중력에 의해 수축된다. 그러나 이번에는 새로운 융합 반응을 일으킬 만큼 온도가 올라가지 않기 때문에, 바깥층에 남아 있는 수소와 헬륨 대기를 외부로 날려버린 후 서서히 식으면서 탄소와 산소로 똘똘 뭉친 채 원래 크기의 1/100로 쪼그라든 백색왜성白色矮星, white dwarf이 된다.

거성이 죽을 때는 이보다 훨씬 요란하고, 주변에 남기는 것도 많다. 제아무리 덩치가 크다고 해도 마지막 핵융합 원료까지 바닥나면 자체 중력에 의해 수축될 수밖에 없다. 그러나 거성의 경우에는 수축이 매우 빠르고 격렬하게 진행되기 때문에, 바깥층이 초고밀도 코어에 되튀면서 엄청난 충격파와 함께 거대한 폭발이 일어난다. 이것이 바로 초신성이다. 초신성이 폭발하면 중성자 포획이 격렬하게 일어나면서 원자가 중성자를 빠르게 흡수하여 철보다 무거운 원소들이 무더기로 생성된다. 또한 초신성은 폭발하는 순간 살아생전 애써 만들어놓은 무거운 원소들을 은하 전체로 흩뿌려서 차세대 별과 행성의 밑거름이 된다. 평생 막대한 부를 축적한 재벌이 죽는 순간에 모든 재산을 사회에 기부하는 것과 비슷하다. 이 원소들은 성간구름에 유입되어 떠돌다가 별이 되는데, 수소와 헬륨밖에 없었던 1세대 별과 달리 이번에는 재료가 다양하기 때문에 행성도 만들어질 수 있다. 그리고 앞서 말한 대로 초신성(폭발)은 주변에 있는 구름을 교란시켜서 수축을 유도한다. 천문학자들은 우리의 태양계도 초신성이 폭발하면서 날아온 운석 소나기(여기에는 철보다 무거운 원소도 포함되어 있다)가 태양계의 모태였던 성간구름에 유입되어 탄생한 것으로 추정하고 있다.

거성이 수명을 다하여 초신성 폭발을 일으키면 대부분의 질량은 외부로 흩어지지만, 중심부는 계속 수축하여 초고밀도 상태로 남는다. 이 잔해의 질량이 태양의 2~3배 정도라면, 모든 원자의 부피를 유지시켜주는 전자구름이 잔해의 내부 압력을 버티지 못하고 원자핵이 있는 곳까지 압축되어 양성자를 중성자로 변환시킨다. 즉 원자가 '중성자 덩어리'로 변하는 것이다. 원자의 평균 직경은 약 10^{-10}m, 또는 1Å(Angstrom, 옹스트롬)인 반면, 원자핵의 직경은 10^{-15}m(10^{-5}Å)에 불과하다. 원자를 올림픽 스타디움에 비유하면 원자핵은 경기장 한복판을 기어가는 개미 한 마리 크기이다. 그러므로 원자가 원자핵 크기로 줄어들었다는 것은 반지름이 10^{-5}배(0.00001배)로 줄었다는 뜻이며, 부피는 반지름의 세제곱에 비례하므로 밀도(질량을 부피로 나눈 값)는 10^{15}배로 증가한다. 이렇게 만들어진 별의 잔해를 중성자별neutron star이라 하는데, 밀도가 얼마나 큰지 안약 한 방울만 한 크기의 중성자별 조각을 천칭의 한쪽에 올려놓고 반대쪽에 전 세계 70억 인구가 몽땅 올라가면 간신히 평형 상태를 유지할 정도다.

별이 폭발하고 남은 잔해의 질량이 태양의 3배가 넘으면 중성자들끼리 더욱 강하게 밀착되어 중성자별보다 밀도가 높아진다. 이런 천체에서는 중성자가 쿼크 단위로 분해되기 때문에 '쿼크별quark star'이라 부르는데, 아직 발견된 사례는 없다.

잔해의 질량이 태양의 5배가 넘으면 쿼크조차도 압력을 이기지 못하여 아주 작은 부피로 수축된다. 바로 이것이 그 유명한 블랙홀이다. 별의 거대한 질량이 아주 작은 부피로 쪼그라들어서 밀도가 어느 한계를 넘으면 위로 던져진 사과가 다시 아래로 떨어지는 것처럼, 중심으로부터 유한한 거리에서 방출된 빛까지도 아래로 떨어진다. 중력이 하도 강해서 빛조차도 탈출하지 못하는 것이다. 이런 천체에서 가운데를 중심으로 빛의 탈출을 허용하지 않는 가장 큰 구면을 '사건지평선event horizon'이라 한다.* 천문학자들은 모든 은하의 중심에 초대형 블랙홀이 자리 잡고 있을 것으로 추정하고 있다.

초거성이 죽으면서 온갖 원소를 우주공간에 흩뿌리지 않았다면 이 책은 여기서 끝났을 것이다. 평생 동안 (수소나 헬륨보다) 무거운 원소를 열심히 만들었던 큰 별들이 폭발하여 온갖 무거운

---

* 엄밀히 말하면 '선'이 아니라 '면'이다.

원소를 은하수 전역에 퍼뜨렸고, 그중 일부가 성간구름에 유입되어 행성을 거느린 별이 탄생했다. 우리의 태양계도 50억 년 전에 이런 과정을 거쳐 탄생했는데, 지금 정도의 규모(하나의 별과 8개의 행성)가 되려면 꽤 많은 거성이 폭발해야 한다. 하나의 거성에서 날아온 잔해 중 특정 태양계의 형성에 투입되는 양은 극히 일부에 불과하기 때문이다.

지난 수십 년 동안 천문학자들은 태양계 근처에서 1,000개가 넘는 외계 행성을 발견했다(후보 행성까지 합하면 4,000개가 넘는다). 가까운 곳이 이 정도면 은하수에 전체에는 무수히 많은 행성계가 존재할 테고, 행성이 많다는 것은 우주공간에 행성을 만들 수 있는 재료가 그만큼 충분하다는 뜻이다. 그러므로 적색초거성red supergiant이 우리의 태양만큼 수명이 길다면 그중 대부분은 지금도 살아 있을 테고, 언젠가는 다른 곳에서 태양계 형성에 일조하게 될 것이다. 그러나 적색초거성은 온도와 압력이 극도로 높기 때문에 무거운 원소를 초속성으로 만들어내면서 연료를 빠르게 소모하다가 겨우 수백만 년 만에 수명을 다하고 거대한 폭발을 일으킨다(빅뱅이 일어나고 수억 년 후에 탄생한 최초의 별도 마찬가지였다). 그러므로 우리 태양계가 탄생한 50억 년 전쯤에는 수많은 거성들이 이미 폭발하여 다른 태양계를 형성할 만한 재료가 충분했을 것이다. 별들이 가장 많이 만들어진 시기는 지금으로부터 약 100억 년 전이었으므로, 지구와 인간은 우주라는 무대에 비교적 늦게 등장한 셈이다.

3

태양계와 행성

우리 태양계는 지금으로부터 약 50억 년 전에 형성되었다. 우주가 탄생하고 무려 90억 년이 지난 시점이다. 태양계의 나이와 형성 과정을 설명하는 이론은 빅뱅이론 못지않게 수많은 우여곡절을 겪었다. 특히 지구의 나이를 추정하는 과학적 이론은 종교의 교리와 정면으로 부딪쳐 멀쩡한 사람이 투옥되거나 처형되는 등 숱한 비극과 논쟁을 불러일으켰다. 그러나 가장 치열했던 논쟁은 과학자와 성직자 사이가 아니라, 과학자들 사이에서 벌어졌다.

'켈빈 경'이라는 이름으로 알려진 영국의 물리학자 윌리엄 톰슨은 1800년대에 "지구는 뜨거운 액체 상태였다가 갑자기 낮은 온도(우주공간 또는 대기 또는 바다)에 노출되어 식으면서 지금과 같은 고체 행성이 되었다"는 가정하에, 지구의 나이를 약 2천 만 년으로 추산했다. 바위로 이루어진 고체 구球는 쉽게 식지 않고 지금의 지구는 열손실율(단위 시간당 손실되는 열의 양)이 매우 높기 때문에, 전후 관계가 일치하려면 "지구는 비교적 최근 들어 차가운 표면에 노출되어 식기 시작했다"고 생각하는 수밖에 없다. 켈빈은 자신의 결과를 입증하기 위해 태양의 나이도 계산했는데, "태양은 자체 중력으로 수축되는 동안 빛을 발한다"는 가정하에 현재의 크기와 밝기로부터 계산된 나이는 역시 2천만 년이었다(그러나 2장에서 말한 대로 태양은 수축을 멈추고 핵융합 반응이 일어날 때부터 빛을 발하기 시작한다). 켈빈이 계산한 지구의 나이는 어셔 주교가 주장했던 6천 살보다 훨씬 많았지만, 지질학자와 진화생물학자들은 턱도 없이 짧다고 생각했다.

일반적으로 강물이나 홍수에 의해 퇴적물이 쌓이려면 꽤 오랜 시간이 소요된다. 그래서 지질학자들은 "산과 계곡에 지금과 같은 두께의 퇴적층이 형성되려면 수억 년은 족히 걸린다"고 주장했고, 찰스 다윈Charles Darwin을 비롯한 대다수 생물학자들도 여기에 동의했다. 유전적 변이가 누적되어 외부 형질로 나타나려면 매우 긴 시간이 소요되는데, 지구의 나이가 2천만 년이라면 지금처럼 다양한 생명체가 존재하는 이유를 설명할 수 없기 때문이다(지구 전역에서 발견된 고생물의 화석도 생물학자들의 주장을 뒷받침하고 있었다). 그러나 '고집불통 지식인'으로 유명했던 켈빈은 자신의 주장을 굽히지 않았고, 물리학자와 생물학자들은 그후로 수십 년 동안 거의 전쟁에 가까운 논쟁을 벌였다. 지금까지 밝혀진 가장 정확한 지구의 나이는 46억 년이므로, 어느 쪽이 이겼는지는 굳이 말할 필요가 없을 줄 안다.

격렬했던 논쟁을 잠재운 일등공신은 방사성 동위원소에서 일어나는 핵붕괴 반응이었다. 19세기 말에 앙리 베크렐Henri Becquerel과 마리 피에르 퀴리Marie Pierre Curie는 각자 독립적으로 방사능을 발견하여 1903년에 노벨물리학상을 공동으로 수상했다. 우라늄과 같은 특정 원소들은 상태가 불안정하여 원자핵에서 입자를 방출하고 다른 안정한 원소로 변신을 시도하는데, 이 과정을 방사능 붕괴radioactive decay라 하고, 방사능 붕괴를 일으키는 원소를 방사성 원소라 한다.* 방사성 원소는 지표면의 바위에서 쉽게 찾을 수 있었기에, 당시 과학자들은 지구의 내부가 방사능으로 가득 차 있다고 생각했다. 그렇다면 지구가 뜨거운 액

---

* 이때 방출되는 입자는 감지 장치 안에서 특정한 궤적을 그리기 때문에 방사선放射線, radioactive rays 또는 방사선 입자라 한다.

체 상태로 태어나 2천만 년이 아닌 수십억 년 동안 식어 왔다고 해도, 내부에서 방출되는 방사능 에너지 덕분에 지금과 같은 온도를 유지할 수 있다. 이 논리를 처음 주장한 사람은 어니스트 러더퍼드Ernest Rutherford였는데, 훗날 지구의 방사능 원소 함유량이 예상보다 훨씬 적은 것으로 판명되어 이 역시 폐기되었으며, 켈빈의 정적靜的 지구 모형static-Earth model에도 더 이상 반론을 제기할 수 없게 되었다. 비슷한 시기에 존 페리John Perry와 오스먼드 피셔Osmond Fischer는 지구의 내부에서 액체의 대류가 일어나 뜨거운 물질이 지표면 가까이 올라오고 차가운 물질이 중심 쪽으로 가라앉는다는 대류설을 주장했다(자세한 내용은 4장에서 다룰 예정이다). 이들의 이론에 의하면 지구는 내부에서 수십억 년 동안 뜨거운 물질이 표면으로 공급된 덕분에 높은 열손실률에도 불구하고 지금과 같은 온도를 유지할 수 있었다. 반면에 켈빈의 정적 지구 모형에서 지구는 오직 표면의 열전도熱傳導, heat conduction에 의해 식어왔기 때문에, 높은 열손실과 현재의 온도를 고려하면 비교적 "최근에" 생성되었어야 한다. 게다가 1920~30년대에 핵융합이 발견되면서 천문학자들은 태양이 중력이 아닌 수소 핵융합을 통해 에너지를 생산하고 있음을 알게 되었다(2장에서 말한 바와 같이 태양의 크기와 질량으로 미루어볼 때 태양의 핵융합은 수십억 년 넘게 지속될 수 있다).

그러나 태양계와 지구의 나이에 관한 논쟁은 1900년대 초에 '방사능 연대 측정법radiometric dating'이 개발되면서 비로소 잠잠해졌다. 일반적으로 방사성 원소가 붕괴되면 원소의 종류가 바뀐다. 예를 들면 불안정한 우라늄이 안정한 납Pb으로 변하는 식이다. 이때 붕괴되기 전의 원소를 모원소parent element라 하고, 붕괴 후 남은 원소를 딸원소daughter element라 한다. 특정 샘플에 방사성 원소가 함유되어 있다면 시간이 흐를수록 많은 모원소가 딸원소로 변할 것이므로, 모원소와 딸원소의 상대적 양을 비교하면 샘플의 나이를 알 수 있다. 대충 말하자면 모원소보다 딸원소가 많을수록 샘플이 오래되었다는 뜻이다. 여기에 모원소가 딸원소로 변하는 속도, 또는 반감기半減期, half-life*를 계산해 적용하면 샘플의 생성 연대를 매우 정확하게 알아낼 수 있다. 현재 알려진 지구와 태양계의 나이는 약 46억 년으로, 이 값은 소행성 벨트Asteroid belt**에서 지구로 떨어진 운석을 분석하여 알아낸 것이다(지구에는 이 정도로 오래된 바위가 없다).

---

* 모원소가 처음 주어진 양에서 절반으로 감소할 때까지 걸리는 시간.

** 화성과 목성 사이에 100~200만 개의 소행성이 모여 있는 지역. 모든 소행성들은 다른 행성처럼 태양 주변을 공전하고 있다.

우리의 태양계는 거의 50억 년 전에 거대한 먼지구름이 수축되면서 탄생했다(편의상 이 구름을 '모태구름'이라고 하자). 아마도 이 무렵에 근처에서 초신성이 폭발*하여 구름의 수축을 유발했을 것이다. 이런 추측이 가능한 이유는 지구로 떨어진 운석에 초신성이 폭발할 때에만 생성될 수 있는 철의 무거운 동위원소가 섞여 있기 때문이다. 구름이 수축되어 태양과 비슷한 별이 되려면 그 규모가 최소 1~3광년은 되어야 하며, 거성이 되려면 무려 10광년에 걸쳐 있어야 한다. 이 정도면 엄청난 규모지만 은하수의 크기에 비하면 새 발의 피에 불과하다(은하수의 직경은 약 10만 광년이다). 모태구름에서 중심부에 있는 일부만이 태양계가 되는데, 이 부분을 구름핵cloud core이라 한다. 수축이 성공적으로 진행되면 구름핵의 99.9%는 태양이 되고 남은 0.1%가 행성계를 이룬다.

모든 행성들은 황도면黃道面, ecliptic plane 안에서 태양 주변을 공전하고 있다. 태양계가 전체적으로 납작한 원반처럼 생긴 이유는 생성 초기부터 모태구름이 바람개비처럼 회전했기 때문이다. 그후 구름이 수축되면서 회전 속도가 빨라졌는데, 이것은 피

---

* 초신성 폭발에 대해서는 46쪽 옮긴이주 참조.

겨스케이트 선수가 양팔을 뻗은 채 제자리에서 천천히 돌다가 팔을 오므리면 회전 속도가 빨라지는 것과 같은 이치이다. 구름의 회전 속도가 충분히 빨라지면 회전축과 수직한 방향으로 작용하는 원심력이 수축력을 상쇄시켜서 이 방향으로는 더 이상 수축되지 않는다. 그러나 회전축과 나란한 방향으로는 원심력이 작용하지 않기 때문에, 위-아래로 계속 수축되어 납작한 원반 모양이 되는 것이다.

꽤 그럴듯한 설명이다. 그러나 이 '회전원반이론'으로는 설명할 수 없는 것이 있다. 모태구름이 마지막 순간까지 스케이트 선수처럼 회전했다면 원심력이 수축을 방해하여 회전축에 수직한 방향으로는 더 이상 수축이 일어나지 않았을 텐데, 이렇게 형성된 태양계 치고는 크기가 너무 작다. 초기의 구름핵이 회전을 거의 하지 않았다 해도, 우리 태양계는 마치 피겨스케이트 선수가 무거운 추를 들고 수 km에 달하는 긴 팔을 최대한 뻗은 채로 회전하다가 정상적인 팔 길이로 줄어든 것과 비슷하다.

천문학자들은 멀리 떨어진 우주공간에서 우리 태양계를 낳은 모태구름과 비슷한 구름을 여러 개 발견했는데, 이들은 모두 느린 속도로 회전하고 있었다. 회전운동에너지는 구름이 갖고 있는 총에너지의 몇 %에 불과하며, 그 원천은 중력 에너지이다(구름이 수축되면 중력에 의한 위치에너지 일부가 열에너지로 변하여 수소의 핵융합을 촉발한다). 초기의 회전운동에너지가 아무리 작았다 해도 거대한 구름이 우리 태양계만큼 수축되면 태양의 자전 속도는 지금보다 훨씬 빨라야 하며, 태양을 제외한 나머지 원반도 지금의 행성들보다 훨씬 빠른 속도로 공전해야 한다. 그러나 무엇보다 회전하는 구름에 작용했을 원심력을 고려하면 목성(목성과 태양 사이의 거리는 지구와 태양 사이의 거리보다 5배쯤 멀다)은 지금의 해왕성(해왕성과 태양 사이의 거리는 지구와 태양 사이의 거리보다 30배쯤 멀다)보다 먼 곳에 있어야 한다.

이처럼 우리의 태양계는 회전원반이론으로 설명할 수 없는 희한한 특성을 갖고 있다. 수축되는 과정에서 회전운동에너지(또는 각운동량)의 상당 부분을 잃어버린 듯한데, 자세한 내막은 아직도 오리무중이다(이 문제를 '각운동량 역설angular momentum paradox'이라 한다). 학계에는 자기장설부터 태양요동설에 이르기까지 다양한 가설이 제시되어 있지만 정설로 인정받기에는 부족한 점이 많다. 어쨌거나 태양계의 모태구름은 이 모든 역설을 극복하고 지금과 같이 작은 크기로 수축되었으며, 목성을 지금의 궤도에 갖다놓았다. 또 한 가지 짚고 넘어갈 것은, 초기의 수축이 매우 빠르게 진행되었다는 점이다(10만 년쯤 걸린 것으로 추정된다).

따분한 물리학 이야기를 좋아하는 사람은 없겠지만 각운동량 angular momentum은 좋든 싫든 앞으로 종종 마주치게 될 개념이기 때문에, 더 늦기 전에 약간의 설명을 추가하고자 한다. 물리학에서 말하는 운동량momentum이란 물체의 몸집과 빠르기를 이용하여 물체의 운동(그리고 다른 물체에 운동을 전달하는 능력)을 가늠하는 양이다. 운동량에는 두 종류가 있는데, 그중 하나인 선운동량linear momentum은 물체의 질량에 속도를 곱한 양으로 정의된다. 예를 들어 100km/h로 달리는 자동차는 같은 속도로 달리는 모터사이클보다 운동량이 크기 때문에 다른 물체와 충돌했을 때 더 많은 충격을 가하게 된다. 두 번째 운동량인 각운동량은 스스로 회전하거나(자전) 한 점을 중심으로 선회하는(공전) 물체에서 두드러지게 나타나는 양으로, 물체의 질량에 회전각속도(단위 시간당 돌아간 각도. '1분당 회전수'로 나타낼 수도 있다)를 곱하고, 여기에 다시 회전계의 유효크기의 제곱을 곱한 값으로 정의된다. 여기서 '유효크기'란 물체의 질량 중 가장 많은 양이 모여 있는 점과 회전축 사이의 거리를 의미한다. 예를 들어 대부분의 질량이 테두리(타이어)에 집중되어 있으면서 1분당 100번씩 회전하는 질량 1kg짜리 자전거 바퀴는 동일한 속도로 회전하는 1kg

짜리 차축보다 각운동량이 크다.* 두 물체가 당신을 향해 굴러오고 있을 때, 맨손으로 운동을 저지한다고 상상해보라. 어느 쪽이 더 만만하게 보이는가?

태양계가 형성될 때 행성에 할당된 질량의 대부분은 목성에 돌아갔고, 목성은 태양에서 꽤 멀리 떨어져 있기 때문에, 태양계가 보유한 각운동량의 대부분은 목성이 차지하고 있다고 봐도 무방하다. 그러나 모태구름이 수축되는 동안 각운동량을 잃지 않았다면 태양은 지금보다 훨씬 빠르게 자전해야 하고, 목성의 각운동량은 지금보다 수천 배 커야 한다. 다시 말해서, 태양과 행성들 사이의 거리가 지금보다 훨씬 멀어야 한다는 뜻이다.

수축과 회전을 겪으면서 원반처럼 납작해진 모태구름은 주로 수소와 헬륨, 그리고 수십억 년 전에 탄생했다가 얼마 전에 폭발한 초신성의 잔해(다양한 먼지와 얼음)로 이루어져 있었다. 원반의 모든 부분은 훗날 태양이 될 가운데 부분을 중심으로 공전하고 있었으며, 이로부터 발생한 원심력이 더 이상의 수축을 막아주

* 자전거 바퀴는 가운데가 비어 있지만 차축은 속이 꽉 찬 원기둥이므로 자전거 바퀴의 회전 반경이 더 크다. 이 회전 반경이 위에서 말한 '유효크기'에 해당한다.

었다. 그러나 원반은 기본적으로 기체였기 때문에, 오늘날의 행성처럼 명확한 주기로 공전하지는 않았다.

오늘날 태양계의 행성들은 태양의 중력과 공전에 의한 원심력이 정확하게 균형을 이루는 '케플러 궤도Keplerian orbit'(17세기에 행성의 운동 법칙을 발견한 독일의 천문학자 요하네스 케플러Johannes Kepler의 이름에서 따온 용어이다)를 돌고 있다. 그러나 과거에 모태구름이 수축될 때 원반의 중심부(원시 태양)는 테두리보다 두껍고 뜨거웠으며, 압력도 훨씬 높았다. 이 압력 차이 때문에 밖으로 향하는 힘이 발생하여 중력을 조금 상쇄시켰고, 그 결과 테두리 기체의 공전 속도는 지금의 행성들보다 조금 느렸다. 그렇다면 이들은 어떤 과정을 거쳐 다시 빨라졌을까? 약간 난해하게 들리겠지만, 이것도 태양계 형성과 관련된 미스터리 중 하나이다.

모태구름의 대부분은 가운데로 모여들어 태양이 되었고, 이와 비슷한 시기에 테두리 구름에 섞여 있는 작은 입자들이 뭉쳐서 수성, 금성, 지구…… 등 지금과 같은 행성계가 만들어졌다. 원반의 대부분이 태양으로 빨려 들어가는 데에는 수백만 년, 기껏해야 수천만 년밖에 걸리지 않았다. 원시 태양은 핵융합을 시작하기 직전에 이미 모양을 갖춘 행성을 제외하고 새로 형성되는 행성의 씨앗을 모두 날려버렸다(이 내용은 잠시 후에 다룰 것이다).

그래서 행성들은 대량학살이 시작되기 전에 모양을 갖추도록 서둘러야 했고, 이 와중에 다양한 난관에 직면했다.

먼지를 잔뜩 머금은 구름이 원반 모양으로 수축되면 티끌과 얼음 알갱이들이 정전기력을 통해 서로 들러붙는다(분자들 사이에 작용하는 판데르발스 힘Van der Waals force도 있는데, 자세한 설명은 생략한다). 중력으로 들러붙기에는 입자의 질량이 너무 작기 때문이다. 구름 속에 형성된 난기류도 입자들 사이의 거리를 유지하여 서로 들러붙는 데 일조했을 것이다. 집 안에서도 이와 비슷한 과정을 거쳐 먼지 덩어리가 쌓여간다(다른 집은 잘 모르겠지만, 적어도 우리 집은 그렇다).

그러나 행성이 만들어지려면 초기에 형성된 먼지 덩어리들(광물질 또는 얼음 알갱이)이 점점 크게 자라서 주변 알갱이를 잡아당길 정도로 강한 중력을 행사해야 한다. 일단 어느 정도의 크기가 확보되면, 그다음부터는 빈익빈부익부 원칙에 따라 일사천리로 진행된다. 말로 하면 간단하지만 결코 쉬운 일은 아니다. 먼지 덩어리가 작을 때는(0.001mm, 박테리아와 비슷한 크기) 기체 원반 속을 자유롭게 떠다니면서 정전기력을 통해 아무 데나 쉽게 들러붙을 수 있지만, cm 단위로 커지면 외곽으로 향하는 기체의 압력보다 원시 태양의 중력에 더 많은 영향을 받아서 케플러 궤도와 비슷한 궤도를 돌게 된다. 이런 먼지 덩어리는 기체 원반보다 공전 속도가 빠르기 때문에 궤도운동 중 맞바람을 맞아 속도가 느려지고, 결국은 나선을 그리며 구름의 중심부로 빨려 들어간다.

운이 좋아서 10m~1km(작은 소행성과 비슷한 크기로, '미행성체 planetesimal'라 한다)까지 몸집을 키운 먼지 덩어리는 맞바람의 영향을 덜 받아서 중심부로 빨려 들어가지 않거나, 빨려 들어가는 속도가 완화되어 끝까지 살아남을 기회를 잡게 된다. 여기서 다시 km 단위로 몸집이 커지면 주변의 먼지 덩어리를 중력으로 빨아들이면서 더욱 빠르게 몸집을 키워나간다.

그러나 수 cm에서 수 m 사이의 어정쩡한 먼지 덩어리는 맞바람의 영향을 크게 받아서 나선을 그리며 수백 년 안에 원시 태양으로 빨려 들어가는데, 이것은 태양계가 형성되는 데 걸린 시간에 비하면 거의 찰나에 불과하다. 게다가 이 어중간한 덩어리들은 다른 입자를 끌어들일 정도로 끈끈하지도 않고 중력도 강하지 않으며, 오히려 가까이 다가온 입자를 튕겨내기 때문에 더 크게 자라날 가능성이 매우 희박하다. 그러니까 미행성들은 이 절망적인 단계를 이겨내고 끝까지 살아남은 '위대한 승리자'인 셈이다.

모든 행성은 작은 먼지 덩어리를 먹어치우면서 몸집을 키워왔으므로 어중간한 크기에서 큰 덩어리로 자라려면 먹성도 좋아야 하지만, 그에 못지않게 먹는 속도도 빨라야 한다. 그렇지 않으면 사방에 음식이 널려있는데도 미처 다 먹지 못하고 원시 태양으로 빨려 들어갈 것이다. 작은 먼지 덩어리가 살아남으려면 크기가 1m 남짓한 시기를 수백 년 안에 넘겨야 한다. 사람에 비유하면 사춘기를 단 며칠 만에 끝내야 한다는 뜻이다. 이것이 소위 말하는 '1m 장애물1 meter hurdle'인데, 지금의 행성들이 이 시기를 어떻게 무사히 넘겼는지는 아직도 미스터리로 남아 있다. 최근 연구에 의하면 기체 속에서 자라나는 먼지 덩어리들은 서로 뭉치려는 경향이 있다고 한다. 여럿이 모여 다니면 혼자 다닐 때보다 기체의 저항을 적게 받는다. 투르 드 프랑스Tour de France* 에 출전한 사이클 선수들도 이 덕을 톡톡히 보고 있다.

먼지 뭉치가 커지는 동안 원반구름의 중심부(원시 태양)는 점점 더 수축되어 기체를 데울 만큼 충분히 뜨거워졌다. 그러나 원시 태양의 내부에 섞여 있는 먼지 알갱이들은 쉽게 기화되지 않

---

* 매년 7월에 프랑스에서 열리는 장거리 사이클 대회.

는 혼합 광물질로 이루어져 있어서 훗날 바위로 자라나게 된다. 반면에 태양계의 외곽 지역은 온도가 충분히 낮아서 물, 메탄, 암모니아 등 휘발성 물질이 액체나 고체 상태로 존재할 수 있었다. 휘발성 물질이 고체 상태(얼어붙은 상태)로 존재할 수 있는 한계선을 설선雪線, Snow Line이라 하는데, 우리 태양계에서는 화성과 목성의 중간쯤에 있다.

구름의 중심으로 떨어지거나 나선을 그리며 모여드는 얼음 알갱이와 먼지 뭉치들은 설선에 도달했을 때 뜨거운 온도를 이기지 못하고 기화되었다. 고체가 기화(또는 승화)되면 다량의 기체가 발생하기 때문에 이 지역의 압력은 상대적으로 높아졌을 것이다. 설선의 바깥에 있는 원반기체는 밖으로 향하는 압력이 중력을 완화시켜서 공전 속도가 느려졌고, 빠르게 움직이는 고체 입자들은 기체의 저항을 크게 받아 나선을 그리며 설선 쪽으로 빠르게 추락했다. 반면에 설선 내부에서는 압력이 중력과 같은 방향으로 작용하여 기체의 공전 속도가 고체 입자보다 빨라졌고, 입자들은 뒤에서 떠미는 바람을 타고 속도가 점점 빨라져서 밖으로 퍼지는 나선을 그리며 더 큰 궤도를 돌게 되었다. 결국 설선은 자신을 기준으로 안과 밖에서 움직이는 입자들을 자신에게 가까워지도록 끌어모으는 일종의 덫이었던 셈이다("액체는 압력이 높은 곳에서 낮은 곳으로 흐른다"는 상식에 위배되는 것 같지만, 회전하는 원반형 구름에서 기체와 입자가 주고받는 상호작용은 욕조에 담긴 물보다 훨씬 복잡하다).

설선 근처에 기체와 얼음이 집중되면서 목성과 같은 거대 행성이 형성될 가능성이 높아졌다. 지구를 체중 60kg인 사람에 비유했을 때, 목성은 18톤짜리 고래상어에 해당한다. 사람들은 유일한 삶의 터전인 지구에 온갖 미사여구를 붙여가며 찬양하고 있지만, 사실 태양계의 핵심 요소(질량, 에너지, 각운동량 등)는 태양과 목성이 거의 싹쓸이를 해갔다. "크기가 전부는 아니다"라는 주장도 지구에 기반을 둔 사람들의 편견일 뿐이다.

목성은 처음 형성되기 시작할 때부터 자신뿐만 아니라 토성과 같은 주변 행성의 성장까지 촉진했다. 특히 목성의 중력은 자신보다 바깥 궤도를 도는 물체를 가속시켜서 그들의 궤도 반지름을 키워놓았다. 한편, 먼 궤도에서 나선을 그리며 다가오던 먼지와 얼음 알갱이들은 목성 때문에 밖으로 밀려가던 입자들과 만나서 또 하나의 거대 행성을 만들었는데, 이것이 바로 태양계 행성 중 '넘버 투'인 토성이다.

원시 행성이 끝까지 살아남으려면 빠른 속도로 덩치를 키워야

했다. 이외에도 '각운동량 방출'이나 '1m 장애물' 등 넘어야 할 장벽이 여러 개 있었지만, 무엇보다 제한 시간 내에 체급을 올리지 못하면 결과는 문자 그대로 '불을 보듯' 뻔했다(원시 태양의 불길을 코앞에서 보게 된다). 그러나 먼지가 덩어리로 뭉치는 동안 원시 태양도 원반구름의 질량을 마구 빨아들이다가, 핵융합이 시작되기 직전에 강력한 태양풍을 방출하여 아직 큰 덩어리에 합병되지 못한 작은 알갱이들을 일시에 날려버렸다. 이 사건은 모태구름이 수축되기 시작하고 수천만 년이 지난 후에 일어났는데, 천문학적 스케일에서 볼 때 결코 긴 시간이 아니었다. 그러므로 최초의 원시 행성들, 특히 두꺼운 대기층을 가진 거대 행성들은 필요한 재료가 원시 태양으로 빨려 들어가거나 태양풍에 날아가기 전에 서둘러 몸집을 키워야 했다. 작은 먼지 알갱이들이 모여서 미행성이 되고, 이들이 다시 행성으로 자랄 때까지는 넘어야 할 산이 너무 많다. 현존하는 행성들은 이 모든 난관을 극복한 최후의 승리자들인데, 이들이 대체 무슨 수로 살아남았는지 그저 신기할 따름이다. 천문학자와 행성학자들은 이 수수께끼를 풀기 위해 지금도 골머리를 앓고 있다.

원반구름의 뜨거운 내부에서 태어난 바위형 원시 행성들은 아마도 커다란 소행성만 한 크기에서 시작되었을 것이다. 개중에는 온도가 꽤 높은 행성도 있었는데, 열에너지의 대부분은 다른 부유물과 충돌을 겪으면서 발생했고, 일부는 알루미늄이나 포타슘(칼륨)과 같이 반감기가 짧은 방사성 원소가 붕괴되면서 발생했다. 바위가 한 번 녹았다가 다시 얼기 시작하면 그 속에 함유된 철은 마그마magma(액체 상태의 바위)에 남으려는 경향이 있다. 철은 액체 속에서 더 잘 녹기 때문이다. 이런 과정이 반복되다 보면 철이 많은 부분은 주변의 바위보다 무거워서 안으로 가라앉고(중력이 충분히 크다면), 결국 중심부에 철심鐵心, iron core이 형성된다. 그래서 천문학자들은 세레스Ceres(소행성 벨트에서 발견된 가장 큰 소행성)와 베스타Vesta(둘째로 큰 소행성)의 중심에 철심이 존재할 것으로 추정하고 있다(지구로 떨어진 운석 중 철 함유량이 높은 철질운석iron meteorite과 석철운석stony iron meteorite은 소행성끼리 충돌하여 산산이 부서지고 남은 코어 부분일 것으로 추정된다). 그러나 대부분의 소행성들은 이 정도로 크지 않기 때문에 구성 성분이 처음 생성되었을 때와 거의 비슷하다. 지금까지 알려진 바에 의하면 소행성의 대부분은 태양계의 기본 구성 단위인 콘드라이트chondrite*이며, 지구로 떨어진 운석들도 크게 다르지 않다.

---

* 감람석이나 휘석으로 이루어진 석질운석.

초기의 미행성체들은 형태가 다양한 타원 궤도를 돌다가 서로 충돌하면서 작은 파편이 되어 흩어졌다. 그러나 개중에서 궤도가 원형에 가까운 미행성체는 공전 속도가 비교적 느렸기 때문에 서로 충돌해도 파괴되지 않고 끝까지 살아남을 수 있었다. 이들은 수천만 년 동안 소행성만 한 다른 천체들과 숱한 충돌을 겪었지만, 질량을 잃거나 파괴되지 않고 꾸준히 몸집을 부풀려서 결국은 지구와 같은 행성이 되었다.

현재 태양계에는 8개의 행성이 존재한다. 명왕성은 과거에 행성 대접을 받아오다가 2006년에 국제천문학연합회International Astronomical Union에 의해 행성의 지위를 박탈당했다. 그러나 NASA에서 발사한 무인 소행성 탐사선 뉴호라이즌스New Horizons가 2015년에 몇 가지 관측 자료를 보내온 후로 학계에서는 명왕성을 왜소행성으로 다시 격상시켜야 한다는 목소리가 높아지고 있다. 아무튼 내태양계內~, inner solar system에는 건조한 바위 행성들이 주류를 이루고, 외태양계外~, outer solar system에는 거대한 가스 행성들이 공전하고 있으며, 두 영역의 경계선은 앞에서 언급한 설선 가설雪線假設, Snow Line hypothesis을 통해 가장 그럴듯하게 설명된다. 그러나 우리의 태양계는 은하수에 존재하는 모든 태양계의 표준이 결코 아니며, 지구를 비롯한 행성들이 처음 형성된 곳도 지금의 위치가 아니었다. 대표적인 예가 태양계의 가장 바깥에 있는 천왕성과 해왕성이다. 현재 이들과 태양 사이의 평균 거리는 각각 20AU, 30AU인데(AU는 천체 사이의 거리를 나타내는 천문 단위Astronomical Unit로, 1AU는 지구와 태양 사이의 거리인 1억 5천만km이다), 초창기에 다른 방해물이 없는 무주공산에서 원반구름의 테두리를 거의 독식한 행성 치고는 몸집이 너무 작다. 천문학자들은 과거에 천왕성과 해왕성 사이의 거리가 지금보다 가까웠고 이들과 목성 사이의 거리도 지금보다 훨씬 가까웠기 때문에, 먹성 좋은 형제들에게 밀려 물자 부족에 시달렸을 것으로 보고 있다. 토성과 천왕성, 그리고 해왕성은 목성의 강한 중력에 의해 처음보다 먼 궤도로 내던져졌고, 이 와중에 질량이 작은 미행성체들은 아예 태양계 밖으로 날아갔다(목성은 해머던지기 선수였고 토성, 천왕성, 해왕성은 해머였다). 그리고 목성은 형제들을 밖으로 밀어내면서 각운동량을 잃고 안쪽 궤도로 이주했다. 이렇게 덩치 큰 행성들이 한바탕 난리를 겪으면서 목성보다 가까운 궤도를 돌던 조그만 천체들은 나선을 그리며 태양계 안쪽으로 '추락'하여 지구를 비롯한 내행성들에 무차별 폭격을 가했다. 이것이 바로 40억 년 전에 일어났던 '후기 운석 대충돌Late Heavy Bombardment, LHB'이다. 태양계 행성들의 궤도 이동을 설명하는 이론은 흔히 '니스 모형Nice Model'으로 알려져 있는데, 훌륭한 이론임은 분명하지만 "나이스nice한 이론"이라는 뜻은 아니다(프랑스 니스대학교Univ. of Nice의 연구팀이 처음 제안했기 때문에 이런 이름으로 불리고 있다).

우리 태양계의 바위형 행성(수성, 금성, 지구, 화성)들은 태양과의 거리가 비교적 가까운 내태양계에 자리 잡고 있다. 그러나 외태양계에서는 목성만 한 행성이 우리의 수성만큼 가까운 궤도를 도는 경우가 심심치 않게 발견된다(이런 행성을 '뜨거운 목성hot Juipiters'이라 한다). 이 행성도 처음에는 먼 곳에서 형성되었다가 태양에 가까운 곳으로 옮겨왔을 가능성이 높다.

그러나 지구에 살고 있는 우리의 입장에서 가장 큰 미스터리는 '달月'이다. 행성이 위성을 거느리는 것이 뭐가 이상하냐고? 달이 있다는 것 자체는 별 문제가 되지 않는다. 그러나 달의 질량은 목성이나 토성이 거느리고 있는 가장 큰 위성과 거의 비슷한 수준이다. 목성의 질량은 지구의 300배나 되는데 목성의 가장 큰 위성인 가니메데Ganymede의 질량은 달의 2배밖에 안 된다(2배 정도의 차이는 그냥 같다고 봐도 무방하다). 지구와 같이 조그만 행성이 무슨 수로 분수에 맞지 않게 달처럼 거대한 위성을 거느리게 되었을까?

달은 생명의 진화에도 중요한 역할을 했다. 달 때문에 밀물과 썰물이 오락가락하다 보면 조수潮水 웅덩이tide pool*가 생기는데, 다윈을 비롯한 여러 생물학자들은 이곳이 원시 생명체의 주 번식지라고 생각했다. 또한 조간대潮間帶, intertidal zone**에 사는 생명체들은 수상 생활과 육지 생활에 모두 적응하여 바다 생명체가 육지로 진출하는 교두보 역할을 했다('진출'이 아니라 '침략'이라고 주장하는 사람도 있다).

달의 미스터리는 크기뿐만이 아니다. 달의 궤도 반지름은 지구 반지름의 60배쯤 되고 공전주기는 약 한 달(27일)이다. 그러나 과거에 달은 지구와 훨씬 가까웠고 중력으로 지구에 묶여 있기 때문에, 팔을 오므린 피겨스케이트 선수처럼 공전주기가 훨씬 짧았다. 실제로 지난 수억 년 동안 쌓인 퇴적층과 명확한 성장 주기가 있는 산호화석을 분석해보면 과거의 한 달은 지금보다 많이 짧았음을 알 수 있다. 극단적인 예로 지구와 달을 하나로 합쳐놓는다면 하루는 4시간으로 줄어든다. 태양계에서 자전

* 바닷물이 빠졌을 때 드러나는 웅덩이.

** 밀물 때 바닷물에 잠겼다가 썰물 때 드러나는 영역.

속도가 가장 빠른 목성보다 훨씬 빠르다(목성의 하루는 10시간이다). 지금도 달은 지구에서 점점 멀어지고 있다. 달이 지구에 조력潮力, tidal force을 발휘하면 해수면이 달 쪽으로 높아지는데 지구는 자전하고 있으므로 높아진(정확하게 말하면 달에 더 가까워진) 부분이 달보다 앞서가게 되고, 이 부분과 달 사이에 작용하는 중력이 달의 속도를 조금 증가시켜서 더 큰 궤도를 돌게 되는 것이다. 이와 마찬가지로 달도 높아진 해수면에 중력을 행사하여 지구의 자전 속도를 조금씩 늦추고 있다. 간단히 말해서, 지구가 달에 각운동량을 조금씩 나눠주고 있는 형국이다. 그러나 주어진 계(지금의 경우는 지구와 달)의 총각운동량은 보존되는 양이므로, 지구와 달의 각운동량을 합한 값은 변하지 않는다.

달의 내부도 또 하나의 미스터리다. 대부분의 위성은 바깥층이 바위로 덮여 있고 그 아래에 지각과 맨틀이 있으며, 중심에는 커다란 금속 코어(주로 철)가 자리 잡고 있다. 앞서 말한 대로 미행성체들은 코어에서 출발하여 몸집을 키워나가다가, 중력 때문에 뜨거워져서 액체 상태가 되면 무거운 물체가 아래로 가라앉기 때문이다. 그러나 달은 몸집에 비해 코어가 매우 작다. 즉 철이 별로 없고 대부분이 바위로 이루어져 있다. 달이 이렇게 특이한 구조를 갖게 된 이유는 아직도 수수께끼로 남아 있다.

지구는 왜 덩치가 유별나게 크면서 구조까지 특이한 위성을 거느리게 되었을까? 이것은 지난 수백 년 동안 행성학자들을 난처하게 만들었던 대표적 질문이다. 내가 어렸을 때에는(1960년대) 학교 선생님들이 "지구에서 큰 덩어리가 떨어져나가 달이 되었고, 떨어져나간 자리는 태평양이 되었다"고 가르쳤다. 이것이 소위 말하는 '분열이론Fission Theory'인데, 지금은 완전히 틀린 이론으로 판명되었다. 생각해보라. 멀쩡한 행성에서 느닷없이 거대한 덩어리가 빠져나가다니, 지구가 무슨 알이라도 낳았단 말인가?

지구-달 행성계의 각운동량이 크다는 점과 달의 주성분이 바위라는 사실을 잘 버무리면 꽤 그럴듯한 가설을 만들어낼 수 있다. 태양계의 행성들이 지금과 거의 비슷한 크기로 자랐을 무렵, 소행성들이 태양계 곳곳을 빠른 속도로 날아다니던 위험한 시기가 있었다. 그때 화성과 덩치가 거의 비슷한 테이아Theia(이름에는 신경 쓸 것 없다. 폭탄을 투하하기 전에 이름을 붙이는 관행과 비슷하다)라는 행성이 원시 지구와 충돌했는데, 정면충돌을 했다면 둘 다 남아나지 않았겠지만 다행히도 중심에서 살짝 빗나간 덕분에 바위로 이루어진 지각의 대부분이 벗겨져 나가는 정도로 끝났다. 이 사고로 중심부(코어)만 남은 테이아는 운동량의 상당 부분을 잃고 지구의 코어로 흡수되었으며, 맨틀에서 바위 성분이 많았던 부분은 충돌의 와중에 기화되어 지구 주변을 공전하는 구름이 되었다가 중력으로 뭉쳐서 지금의 달로 진화했다. 이 가설을 수용하면 달의 대부분이 바위로 이루어진 이유(그리고 철이 거의 없는 이유)뿐만 아니라, 지구-달 시스템의 각운동량이 큰 이유까지 설명할 수 있다. 두 천체가 비스듬히 충돌하면서 병진운동에너지의 일부가 회전운동에너지로 전환된 것이다. 그렇다면 지구는 충돌에 의해 각운동량이 커졌다가 조력을 통해 달에 조금씩 되돌려주고 있는 셈이다. '테이아 충돌 가설'은 1970년대에 행성학자 윌리엄 하트만William Hartmann에 의해 처음으로 제기되었는데, 처음에는 증거가 없어서 별다른 주목을 받지 못하다가 최근에 컴퓨터 시뮬레이션이 완성되면서 가장 그럴듯한 가설로 자리 잡았다.

그러나 이 가설에는 몇 가지 문제점이 있다. 특히 달의 화학성분(산소 동위원소의 함유율 등)이 지구와 거의 비슷한 이유는 여전히 미스터리로 남아 있다. 예를 들어 테이아가 태양계의 다른 부분에서 빠른 속도로 날아왔고 그 잔해가 모여서 달이 되었다면, 지구와 달의 화학성분은 지금보다 많이 달라야 한다. 달의 탄생비화를 설명하는 이론은 과거보다 훨씬 진보했지만 누구나 수긍

할 만한 이론은 아직 등장하지 않았다.

현재 태양계에는 8개의 행성과 160여 개의 위성이 존재하고 있다. 그러나 행성으로 자라지 못했으면서 태양에 흡수되지 않고 외계로 날아가지도 않은 채 태양계 주변을 떠도는 물체들도 많다. 해왕성과 명왕성 너머에는 오르트구름(Oort cloud, 20세기 네덜란드의 천문학자 얀 오르트Jan Oort가 처음으로 발견했다)라는 거대한 구형球形 구름이 태양계를 에워싸고 있는데, 이 구름과 태양 사이의 거리는 지구와 태양 사이 거리의 5만 배, 태양과 해왕성 사이 거리의 2,000배에 달한다. 이 정도면 거의 1광년에 가까운 거리다. 오르트구름은 장주기 혜성(공전주기가 긴 혜성)의 고향으로, 이곳에서 날아온 혜성은 엄청나게 큰 타원 궤도를 그리면서 약 200년에 한 번 꼴로 태양계 안쪽을 지나간다. 태양계의 행성들은 거의 동일한 평면에 놓여 있지만 혜성은 오르트구름의 모든 곳에서 무작위로 날아오기 때문에 공전면의 방향도 매번 달라진다. 오르트구름보다 가까운 곳에는 또 다른 얼음 혜성의 집합인 카이퍼 벨트(Kuiper belt, 20세기에 네덜란드의 미국 천문학자 제라드 카이퍼Gerard Kuiper가 발견했다)가 자리 잡고 있는데, 태양과의 거리는 약 30~50AU이다. 2006년에 명왕성은 태양계 행성에서 카이퍼 벨트의 일원으로 강등되었는데, 사실 이곳에서는 명왕성과 비슷한 천체가 여러 개 발견되었다(앞서 말한 대로 명왕성은 왜소행성으로 다시 진급했다). 카이퍼 벨트는 핼리혜성Halley's Comet(주기=76년)과 같은 단주기 혜성의 고향으로 알려져 있다. 오르트구름과 카이퍼 벨트는 행성이나 위성에 편입되지 못한 잔해들의 집합일 것으로 추정되며, 카이퍼 벨트는 구형의 오르트 구름과 달리 납작한 도넛 모양을 띠고 있다.

화성과 목성 사이에 있는 소행성 벨트도 행성에 편입되지 못한 잔해들의 집합이다. 이곳에는 TV나 자동차만 한 크기에서 베스타처럼 직경 500km에 이르는 다양한 크기의 소행성들이 궤도 운동을 하고 있으며, 개중에는 직경 950km짜리 세레스처럼 왜소행성으로 분류된 것도 있다(NASA는 베스타와 세레스를 탐사하기 위해 2007년 9월에 돈Dawn 탐사선을 발사했다). 소행성 벨트에 있는 모든 소행성들이 하나로 모이면 커다란 행성이 될 수도 있지만, 목성의 중력이 이것을 방해하고 있다. 소행성 벨트는 목성에 아주 가깝기 때문에, 작은 소행성들이 뭉쳐서 큰 덩어리가 되면 목성의 강력한 조력潮力이 작용하여 덩어리를 산산이 흩어놓는다. 또한 소행성 벨트에는 소행성이 거의 존재하지 않는 영역이 있다. 소행성과 목성의 공전주기가 1:2, 1:3, 2:5 등 간단한 정수비를 이루면 목성의 조력이 주기적으로 공명현상을 일으켜서 소행성을 궤도 밖으로 튕겨내기 때문이다. 이 영역은 1866년에 미국의 천문학자 대니얼 커크우드Daniel Kirkwood가 처음 발견하여 '커크우드 간극Kirkwood gaps'으로 알려져 있다. 지구로 떨어지는 대부분의 소행성들은 이곳에서 날아온 것으로 추정된다.

소행성 벨트와 이곳에서 날아온 운석에는 내태양계의 구성 요소를 알려주는 다량의 정보가 담겨 있다. 앞서 말한 대로 콘드라이트로 이루어진 소행성(또는 운석)은 행성의 주요 성분으로 쉽게 녹거나 변질되지 않기 때문에, 지구가 단단한 바윗덩어리에서 바다와 대기를 가진 행성으로 진화해온 과정을 추적하는 데 중요한 실마리를 제공한다(자세한 내용은 다음 장에서 다룰 예정이다).

마지막으로, 내태양계의 금성과 화성 사이에는 아모르Amor와 아폴로Apollo, 그리고 아텐Aten이라는 세 개의 소행성 집단이 존재한다. 화성과 목성 사이의 소행성 벨트보다는 밀도가 훨씬 낮지만 아폴로와 아텐에 속한 소행성 중에는 지구의 공전궤도와 교차하는 것들이 꽤 많아서 시도 때도 없이 지구로 떨어지고 있다. 6,500만 년 전에 유카탄반도에 떨어져서 공룡을 멸종시킨 주범도 바로 이곳에서 날아온 소행성이었다(이 소행성의 직경은 약 10km로, 웬만한 소도시 크기였다). 그렇다면 길을 걷다가 조그만 소행성에 얻어맞을 수도 있을까? 드물긴 하지만 불가능한 일은 아니다. 소행성이 떨어지는 빈도와 지구의 크기를 감안할 때, 소행성에 맞아 변을 당할 확률은 비행기 사고로 죽을 확률과 비슷하다.* 그래서 미국 정부는 언제 닥칠지 모를 위험을 사전에 감지하기 위해 NASA에 천문학적 예산을 쏟아붓고 있다. 물론 미리 아는 것과 재난을 방지하는 것은 완전히 다른 문제다. 웬만한 자연재해는 사전 정보를 이용하여 피해를 크게 줄일 수 있지만, 덩치 큰 소행성이 지구를 향해 돌진해오면 그야말로 속수무책이다(충분히 일찍 발견한다면 궤도를 서서히 변형시켜서 지구를 피해가도록 만들 수는 있다). 두말할 것도 없이 소행성 충돌은 인간을 비롯한 지구 생명체에게 최악의 재난이다. 그러나 따지고 보면 이것은 지구에 대한 적대적 행위가 아니라, 태양계 형성 초기에 미처 사용되지 않은 재료들이 뒤늦게 지구로 유입되는 자연스러운 현상일 뿐이다.

---

* 소행성이 대기권으로 진입하여 불이 붙으면 '유성(별똥별)'이고, 지표면이나 바다에 떨어진 후에는 '운석'이라는 이름으로 불린다.

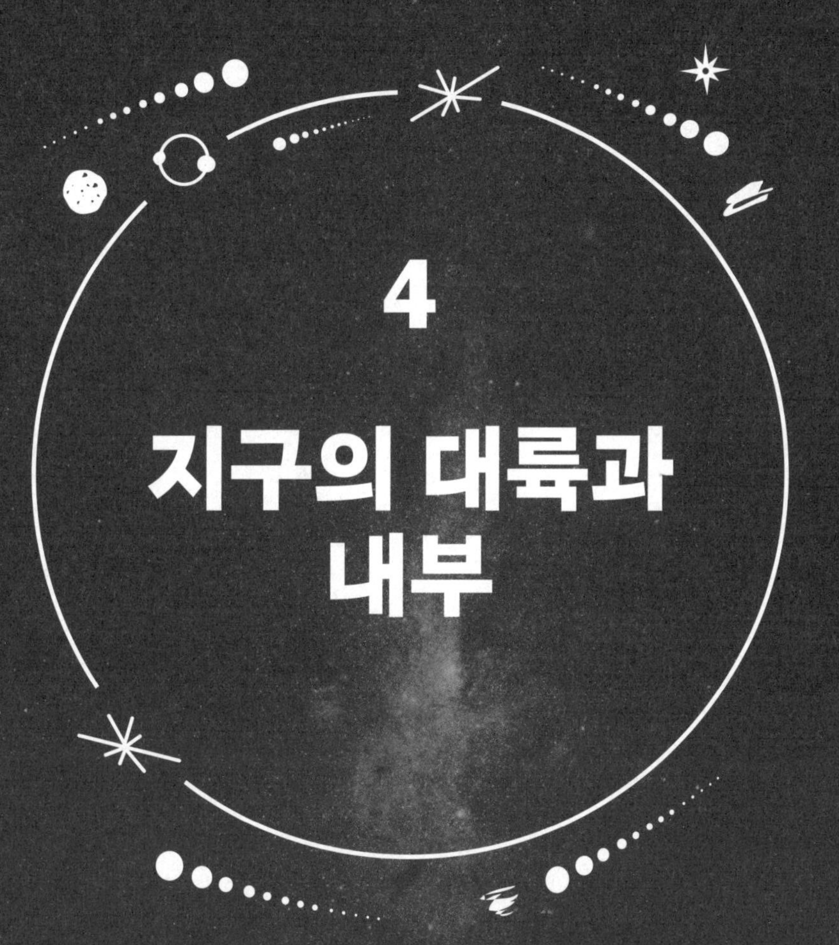

4

지구의 대륙과 내부

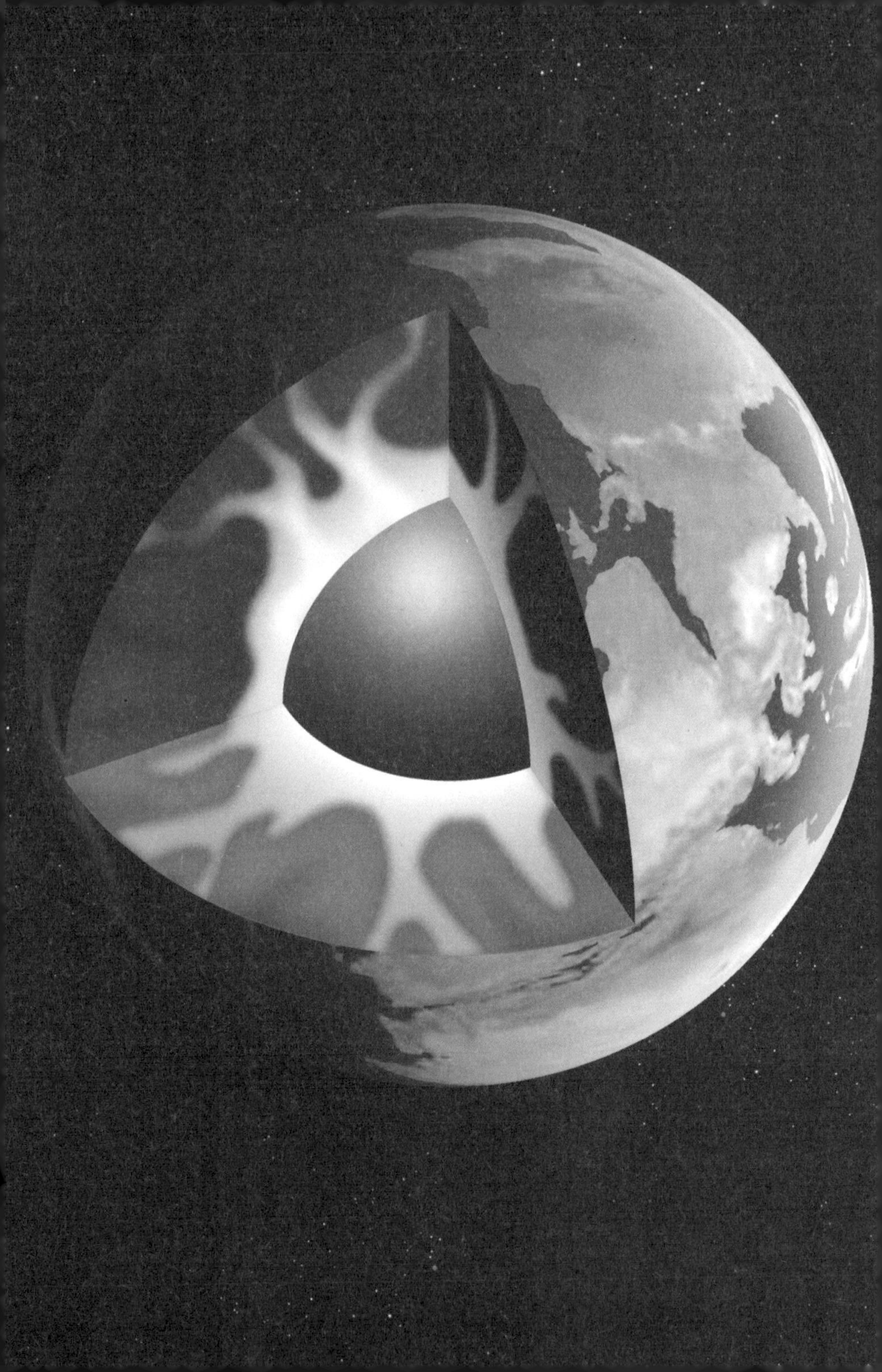

태양계의 형성 과정을 알았으니, 이제는 우리의 고향 행성인 지구의 환경이 어떤 과정을 거쳐 형성되었는지 알아볼 차례다. 인간은 육지에 기반을 둔 생명체이고 최초의 생명체는 바다에서 태어났으므로(이 내용은 나중에 자세히 다룰 예정이다), 진화의 한 단계에서 우리의 먼 선조들에게는 물 밖에서 생명 활동을 이어나갈 만한 육지가 필요했을 것이다. 대륙(그리고 대륙의 표면을 덮고 있는 지각)은 지구에만 존재하는 특이한 환경이다. 그러나 대륙이 어떻게 생겨났는지 이해하려면 지구 깊숙이 들어가야 한다.

행성과 별, 그리고 은하와 관련된 정보를 수집할 때에는 천체 망원경으로 우주를 관측한 후 입자물리학에 입각하여 데이터를 분석하면 된다. 또는 미지의 천체로 우주선을 띄워 보낼 수도 있다. 그러나 지구의 내부에 관한 정보를 수집하려면 깊이 6,400km에 달하는 금속과 바위 층을 직간접으로 들여다보는 수밖에 없다. 그래서 지구의 내부는 멀리 떨어진 은하보다 훨씬 관측하기 어렵다. 첨단 망원경을 이용하면 50억 광년이나 떨어져 있는 은하까지 촬영할 수 있지만, 6,400km에 불과한 지구의 내부는 아직도 태반이 미스터리로 남아 있다.

지구의 내부에 관한 지식은 대부분은 지구를 관통하는 탄성파elastic wave를 분석하여 알아낸 것이다. 이 분야를 지진학地震學, seismology이라 한다. 그러나 이것도 지구에서만 가능할 뿐, 다른 행성의 탄성파까지 관측할 수는 없다. 1960~70년대에 아폴로 우주선이 달에 착륙했을 때 몇 개의 지진계를 설치했고, 앞으로 진행될 화성 탐사(인사이트 미션InSight mission)에서도 화성 표면에 지진계를 설치한다는 계획을 세워놓고 있지만 이 정도로는 실용적인 정보를 얻을 수 없다. 행성을 연구할 때는 제일 먼저 행성의 질량부터 관측해야 한다. 지구에서는 질량이 이미 알려진 물체를 저울에 올려놓으면 지구의 질량을 알 수 있다. 물체의 '무게weight'란 지구와 물체 사이에 작용하는 중력의 크기이므로, 저울로 무게를 측정한다는 것은 '지구 위에 놓인 물체의 무게'

뿐만 아니라 '물체 위에 놓인 지구의 무게'까지 측정한다는 뜻이다(원리적으로는 그렇다). 여기에 지구의 반지름을 알면 지구의 질량과 함께 밀도를 알 수 있으므로, 지구가 무엇으로 이루어져 있는지 대충 짐작할 수 있다[지구의 반지름(정확하게는 둘레)을 최초로 측정한 사람은 그리스의 철학자 에라토스테네스Eratosthenes였다]. 지구의 평균 밀도는 5.5g/cm^{3}이다. 참고로 물의 밀도는 1g/cm^{3}이고 땅에 널려 있는 돌멩이의 밀도는 3g/cm^{3}이며, 대부분의 금속은 10g/cm^{3}이다(철의 밀도는 약 8g/cm^3, 금의 밀도는 20g/cm^{3}이다). 그러므로 지구의 밀도는 바위와 금속의 중간쯤 되며, 내부 깊은 곳은 압력이 매우 높은 상태이다.

다른 행성의 무게는 위성에 미치는 중력의 영향을 통해 알 수 있다. 예를 들어 달의 공전주기와 지구와 달 사이의 거리를 알면 지구의 무게를 알 수 있다(달까지의 거리는 레이저 관측을 통해 매우 정확하게 알려져 있다). 또한 행성이 비틀거리는 팽이처럼 자전하는 현상(이것을 세차운동이라 한다)으로부터 행성의 내부 구조를 알아낼 수도 있다. 이런 정보를 종합하면 고밀도 코어core의 존재 여부를 알 수 있으며(지구를 비롯한 대부분의 행성은 코어를 갖고 있다. 그러나 앞 장에서 말한 대로 달에는 코어가 없다), 화산에서 분출된 바위에는 지구 내부의 화학성분에 관한 정보가 담겨 있다.

지구 내부에 관한 대부분의 정보는 지진학적 분석을 통해 얻어진다. 물론 유용한 정보를 얻으려면 지구의 내부를 관통하여 표면에 도달할 만큼 강력한 고에너지 음파가 생성되어야 하는데, 지구의 표면은 여러 개의 판板, plate으로 이루어져 있어서(이것을 판구조론plate tectonics이라 한다. 자세한 내용은 잠시 후에 다룰 예정이다) 지진이 자주 발생하고, 이로부터 생성된 강력한 음파가 지구의 내부 구조에 관한 정보를 전해주고 있다. 이 음파는 지구의 깊은 층을 통과하면서 속도가 빨라지기 때문에, 어떤 경로를 거쳐 왔느냐에 따라 각기 다른 속도로 지진계에 도달한다(일반적으로 깊은 층을 통과할수록 속도가 빠르다). 그러므로 세계 각지의 지진계에 도달한 음파 데이터를 종합하면 지구의 내부 지도를 작성할 수 있다.

지구의 내부는 크게 3개의 층으로 이루어져 있다. 바깥 표면은 가벼운 바위로 이루어진 얇은 지각地殼, crust(육지가 자라나면서 점차 두꺼워졌다)으로 덮여 있고, 그 밑으로 지구 반지름의 절반에 해당하는 부분은 무거운 바위로 이루어진 맨틀mantle로 채워져 있으며, 가장 깊은 중심부에는 맨틀보다 무거운 철 코어iron core(또는 중심핵이라고도 한다)가 자리 잡고 있다. 맨틀과 핵의 두께는 거의 같지만 맨틀이 핵을 에워싸고 있기 때문에 부피는 맨틀이 압도적으로 크다. 실제로 지구 전체에서 맨틀이 차지하는 비율은 80%가 넘는다(이것은 간단한 기하학으로 증명할 수 있다. 구의 부피는 반지름의 세제곱에 비례하므로 핵의 부피는 지구 전체 부피의 1/8이고, 맨틀이 나머지에 해당하는 7/8을 차지한다. 지각은 매우 얇기 때문에 무시해도 된다).

지구 내부를 관통하는 다양한 탄성파를 이용하면 각 층의 밀도를 알아낼 수 있다. 지진파 중 속도가 가장 빠른 것은 임의의 매질 안에서 압축과 감압이 반복되면서 생성된 음파이며, 둘째로 빠른 지진파는 진동하는 끈처럼 물질이 휘어졌다가 펴지기를 반복하면서 생성된 파동이다. 단, 액체는 외부로부터 변형력이 가해졌을 때 원래 형태로 돌아가려는 탄성력을 발휘할 수 없기 때문에, 둘째 파동은 고체 안에서만 발생할 수 있다. 방금 언급한 두 파동의 속도 차이를 이용하면 극도로 높은 압력하에서 매질이 얼마나 쉽게 압축되는지 알 수 있고, 이로부터 매질의 밀도를 계산할 수 있다(이외에 지표면 근처를 느린 속도로 진행하는 두 종류의 지진파가 추가로 존재하는데, 이들이 바로 지진 피해를 일으키는 주범이다).

지진학자들은 지난 수십 년 동안 다양한 파동을 분석한 끝에, 지구의 핵이 액체 상태이며 평균 밀도는 철과 비슷하다는 사실을 알아냈다. 지진 때 발생하여 지구 내부를 가로지르는 굽힘파 bending wave가 중심부를 통과하지 못하는 것을 보면, 코어는 액체 상태일 가능성이 높다. 그러나 액체 코어의 가장 깊은 중심부는 고체 상태의 철로 이루어져 있다. 이 배열은 얼음으로 덮인 호수를 거꾸로 뒤집은 것과 비슷하다. 맨틀과 지각도 여러 개의 세부 층으로 이루어져 있지만, 구구절절 늘어놓다 보면 제한된 지면 안에서 정작 중요한 이야기를 못할 것 같아 자세한 설명은 생략하기로 한다.

지진학을 이용하면 맨틀 안에서 밀도가 주변보다 더 높거나 낮은 부위를 골라낼 수 있다. 밀도가 다르다는 것은 곧 온도가 다르다는 뜻이다. 그러나 맨틀의 화학적 특성까지 알아내려면 더 많은 정보가 필요하다. 지구의 화학성분은 지표면이나 화산암(지구 내부의 마그마가 화산을 통해 분출되었다가 응고된 암석)을 분석하여 알 수 있지만, 외계에서 날아온 운석에도 중요한 정보가 담겨 있다. 지구의 전반적인 구성 성분은 행성 내부의 각 층들을 골고루 섞어놓은 바위와 비슷하고 이것은 앞서 언급했던 콘드라이트 소행성과 닮은 점이 많은데, 어떤 종류의 콘드라이트인지는 분명치 않다. 이 혼합 덩어리가 행성의 중력에 따라 가라앉거나 떠오르면서 성분별로 분해되는 과정을 추적하면 각 층(지각,

맨틀, 핵)의 구성 성분을 알 수 있다. 지구 중심핵의 주성분은 철이고 이외에 소량의 니켈과 유황이 섞여 있는데, 이들은 액체 상태의 철에 잘 녹기 때문에 자연스럽게 중심부로 유입되었을 것이다. 핵을 에워싸고 있는 맨틀은 마그네슘, 철, 실리콘(규소), 산소 등으로 이루어져 있으며, 이들은 앞서 말한 대로 큰 별의 내부에서 핵융합을 거쳐 생성된 원소들이다. 지구의 표면을 덮고 있는 지각은 실리콘과 산소를 비롯하여 칼슘, 포타슘, 알루미늄, 나트륨 등 다양한 광물질이 섞여 있다(이 목록은 전문가인 나도 외우지 못할 정도로 길다). 처음에는 이 다양한 원소들이 골고루 섞여 있었으나, 융해 과정을 거쳐 분리된 것으로 추정된다.

지구와 테이아가 충돌했을 때 엄청난 양의 충돌 에너지가 열에너지로 전환되어 지구의 대부분은 액체 상태로 변했다(사실 충돌 전에도 지구의 상당 부분은 액체 상태였으나, 충돌을 겪으면서 더 많이 융해되었다) 그후로 액체 상태의 지구가 겪어온 변화의 흔적은 대부분 사라졌지만, 달에는 '녹은 바위로 이루어진 바다'의 흔적이 지금까지 남아 있다. 어쨌거나 증거가 없으니 지구에도 마그마의 바다가 존재했다고 단언할 수는 없다. 그러나 지구-테이아 충돌 가설을 받아들인다면 '액체 상태의 지구'는 매우 그럴듯한 가정이며, 이로부터 꽤 많은 사실을 유추할 수 있다.

지구와 테이아가 충돌하기 전, 그러니까 지구가 한창 몸집을 키워가던 시절에 지구와 충돌한 대부분의 미행성들도 자신만의 핵을 갖고 있었다. 그렇다면 테이아와 충돌하기 전에 다량의 철이 지구로 유입되어 중심부로 가라앉았을 테고, 이로부터 원시 핵이 이미 형성되어 있었을 것이다.

초대형 충돌 사고를 겪은 후 형성된 마그마의 바다는 지구 용적의 거의 대부분을 차지할 정도로 방대했다. 그후 온도가 내려가면서 마그마 바다는 서서히 고체로 변했는데, 그 안에 녹아 있는 다양한 구성 성분들은 응고점(액체가 고체로 변하는 온도)이 모두 달랐기 때문에 순차적으로 응고되면서 자연스럽게 분리되었다. 그러나 마그마에 녹아 있던 철은 끝까지 액체 상태로 남아 있다가 지구의 핵으로 유입되었으며 남은 바위층은 맨틀이 되었고, 가벼운 성분은 위로 떠올라 얇은 지각을 이루었다. 또한 마그마의 바다는 응고되면서 두 부분으로 나뉘었는데, 가벼운 액체는 윗부분에 머물고 무거운 액체는 마그마 하부에서 고밀도로 압축되어 맨틀의 하부로 가라앉았다. 마그마 바다의 아랫부분은 지금도 흔적이 남아 있어서, 지진파를 통해 간간이 검출되곤 한다.

마그마의 바다가 정말로 존재했다면 (적어도 맨틀의 하부로 가라앉지 않은 부분은) 수억 년 사이에 식었을 것이다. 지질학적 관점에서 볼 때 이 정도면 매우 짧은 시간이다. 그리고 바로 이 시점부터 지질학적 흔적이 곳곳에 형성되기 시작했다. 태양계의 나이가 46억 년이라는 것은 지구의 바위가 아닌 운석을 분석하여 얻은 결론이다. 지구에서 가장 오래된 바위의 나이는 약 40억 년으로, 마그마의 바다가 완전히 굳은 후에 형성되었을 것으로 추정된다(이보다 수억 년가량 오래된 지르콘zircon, $ZrSiO_4$이 곳곳에서 발견되었으나, 지르콘을 함유한 바위 자체는 그 정도로 오래되진 않았다). 그러나 마그마의 바다가 굳을 때 위로 떠오른 지각의 대부분이 지질학적 변화와 소행성 충돌을 겪으면서 원래의 모습을 잃었기 때문에, 최장수 바위를 찾기란 하늘의 별 따기만큼 어렵다. 그러므로 지구의 지질 시대는 40억 년 전에 시작되었다고 보는 것이 타당하다. 이 시기를 시생대始生代, Archean라 하는데, 지구 역사의 40% 이상을 차지할 정도로 오랜 세월 동안 지속되었다(지구의 역사는 46억 년, 시생대는 약 20억 년이다). 시생대 이전에 마그마의 바다가 존재했던 시대를 태고대Hadean(그리스어로 '지하 세계'를 뜻하는 Hades에서 유래되었다)라 한다.

마그마의 바다가 굳은 후 지구는 서서히, 그러나 꾸준히 식어

갔고 이 과정에서 가장 중요한 역할을 한 것은 맨틀이었다. 지구의 맨틀은 매우 거대하고 느리게 움직이기 때문에, 냉각 과정뿐만 아니라 지질학적 변화의 흔적까지 곳곳에 남아 있다. 시생대(마그마가 굳은 후)의 맨틀은 여전히 뜨거웠으나, 몇 군데 중요한 지점을 제외하고 대부분은 굳은 상태였다. 한편 우라늄U과 토륨Th 등 불안정한 방사성 원소와 칼륨K의 불안정한 동위원소가 붕괴하면서 발생한 에너지는 맨틀에 열에너지를 공급하고 있었다(칼륨의 동위원소는 빠르게 붕괴되면서 강력한 열을 방출한다. 오늘날 대기의 주요 성분 중 하나인 아르곤Ar은 이 과정에서 발생한 부산물이다).

맨틀은 워낙 부피가 크고 움직임이 굼뜨기 때문에 불에 달궈진 커다란 돌멩이와 달리 식을 때까지 매우 오랜 시간이 소요되었다. 맨틀의 상부는 차갑고 무거워서 아래로 가라앉았고, 중심핵에 가까운 하부는 뜨겁게 달궈지면서 위로 떠올랐다. 뜨거운 것은 위로 올라가고 차가운 것은 아래로 내려가는 현상을 열대류熱對流, thermal convection, 또는 자유대류free convection라 하는데, 맨틀은 물론이고 바다와 대기, 행성과 별, 그리고 당신의 책상 위에 놓인 커피 잔에서도 항상 일어나는 범우주적 현상이다. 지구에서 대류는 태풍과 뇌우, 해류를 일으키고 태양의 대류는 흑점을 만든다. 단, 대류가 일어나려면 물질의 유동성이 높아야 한다. 그래야 뜨겁고 가벼운 물질과 차갑고 무거운 물질이 쉽게 자리를 바꿀 수 있기 때문이다. 맨틀은 고체 상태였지만 긴 시간 규모에서 볼 때 유체처럼 행동했다. 빙하가 녹거나 흔들리지 않고 갈라지지도 않으면서 서서히 이동하는 것과 비슷하다.

고체가 유체처럼 행동하는 것은 우리의 직관과 상반된다. 그러나 이 책의 서문에서 말한 대로 나는 '말랑말랑한' 과학 책을 쓸 생각이 없기 때문에, "너무 복잡하므로 생략한다"는 무책임한 말 대신 간단한 모형을 상정하여 독자들의 이해를 돕고자 한다(여기서 또 한 가지 짚고 넘어갈 것이 있다. 사람들은 '유체fluid'와 '액체liquid'를 동의어로 취급하는 경향이 있는데, 물질이 취할 수 있는 상태는 고체와 액체, 기체, 그리고 플라즈마plasma*뿐이다. '유체'는 물질의 상태가 아니라 "특정 방향으로 흐르거나 모양이 쉽게 변형될 수 있는 물질"을 통칭하는 용어이다. 유체가 아닌 고체에 변형을 가하면 휘어지거나 부러진다. 그러므로 빙하나 맨틀의 변형은 긴 시간규모에서 볼 때 유체로 간주할 수 있으며, 기체와 액체는 그 안으로 음파가 통과할 때 탄성체처럼 행동한다).

조그만 구슬들이 병의 1/4을 채우고 있다고 상상해보자(구슬 대신 볼베어링을 떠올려도 상관없다). 병을 바닥에 가만히 놓아두면

---

* 원자가 전자와 이온으로 분리된 상태.

구슬은 병의 바닥부터 차곡차곡 쌓이고, 구슬 사이의 간격도 최소가 된다(대개는 아래층에 쌓인 구슬들 사이의 홈에 위층 구슬이 놓이게 된다). 구슬을 원자로 간주한다면 이 배열은 고체 상태에 해당한다. 즉 구슬은 가장 가까운 간격을 유지한 채 움직이지 않는다. 이제 병을 한 손으로 들고 가볍게 흔들면 구슬이 이리저리 움직이면서 배열이 흐트러질 텐데, 그래도 구슬은 대체로 접촉 상태를 유지한다. 구슬이 원자라면 이것은 액체 상태에 해당한다. 마지막으로 병을 양손으로 들고 격렬하게 흔들면 구슬은 병의 내벽을 때리거나 가끔 자기들끼리 부딪히면서 이리저리 날아다닐 것이다. 이것은 원자들 사이의 결합력이 매우 약한 기체 상태에 해당한다. 다시 처음의 고체로 되돌아가서 생각해보자. 이 상태에서 병을 조금 기울이면 구슬은 움직이지 않을 것이다. 그러나 여기서 조금 더 기울이면 아래층의 홈에 얹혀있던 위층 구슬은 내리막을 따라 미끄러지면서 다음 홈으로 이동할 테고, 결국은 하나의 층 전체가 내리막으로 이동하여 새 위치에 자리 잡을 것이다. 그러나 이 과정에서 개개의 구슬 층은 모양이 크게 변하지 않은 채 "고체 상태"를 그대로 유지한다(하나의 층을 이루는 구슬들은 거의 동시에 이동하기 때문에, 이동하는 동안 층의 전체적인 배열은 변하지 않는다). 맨틀에 섞여 있는 바위들도 압력(압착력이나

장력)을 받으면 이와 비슷한 방식으로 움직이는데, 병 속의 구슬과 달리 이동 속도가 엄청나게 느리다. 굳이 비유를 하자면 손톱이 자라는 속도와 비슷하다. 손톱이 자라는 모습을 눈으로 확인할 수는 없지만(시체놀이조차 지겨워진 사람이라면 가능할 수도 있다), 손톱이 자란다는 것은 누구나 알고 있다.

지질학적 변화는 손톱의 변화 못지않게 따분하다. 그러나 고체 맨틀에서 일어나는 대류현상이 지구의 모든 운명을 좌우하고 있기 때문에 관심을 갖지 않을 수가 없다. 앞으로 보겠지만 맨틀의 대류는 지각판을 움직이게 하고, 지진과 화산활동을 일으켜 대형 산맥을 만들기도 한다. 또한 맨틀의 대류는 지구를 서서히 식히는 데 결정적인 역할을 했다. 지구 자체가 식는 속도는 맨틀이 식는 속도보다 빠를 수 없기 때문이다. 사실 대류는 유체의 열을 식히는 방법 중 하나이다. 지표면 근처의 차가운 물질이 대류를 타고 가라앉아서 내부의 뜨거운 물질과 섞이면 전체적인 온도는 내려간다(뜨거운 물에 얼음을 담갔을 때 온도가 내려가는 것과 같은 이치다). 이와 마찬가지로 중심부의 뜨거운 물질이 대류를 타고 위로 올라가서 표면의 차가운 물질과 섞일 때도 빠른 속도로 열이 손실된다. 그러므로 지구는 자신과 크기가 같은 거대한 돌덩어리보다 식는 속도가 빠르다. 그래도 맨틀의 대류 자체가 워낙 느리게 진행되기 때문에, '인간적인' 관점에서 보면 거의 정체 상태나 다름없다. 이런 식으로 맨틀은 지난 수십억 년 동안 지각판을 서서히 이동시켜왔고, 그 덕분에 지구는 안정적인 기후를 유지하면서 생명체를 잉태할 수 있다. 이 내용은 나중에 자세히 다룰 예정이다.

맨틀이 천천히 식었기 때문에 지구의 중심핵도 냉각이 서서히 진행되었다. 지금까지 수집된 관측 데이터에 의하면 지구의 핵은 아직도 액체 상태이다. 지진학자들이 초음파를 이용하여 지구의 내부 구조를 탐사한 결과, 핵은 대부분이 액체이며 가장 깊은 곳에 있는 내핵inner core은 고체 상태인 것으로 판명되었다. 어쨌거나 외핵outer core은 액체로 이루어져 있기 때문에 쉽게 흐를 수 있고, 주성분이 전기적 도체인 철Fe이기 때문에 전류를 실어 나를 수 있다. 외핵에서 일어나는 유체운동은 주로 대류(핵이 식으면서 나타나는 현상)와 지구의 자전에 의해 발생하며, 여기에 걸려 있는 외부 자기장(태양의 자기장에서 온 것)에 의해 전류가 발생한다. 이 과정은 발전기의 작동 원리와 비슷하다(전선 다발을 자기장 안에서 움직이면 외부 기전력이 없어도 전선에 전류가 흐른다). 이렇게 발생한 전류는 자신의 주변에 자기장을 만든다. 일반적으로 도선과 같은 도체 내부에서 자유전자가 이동하거나 원자핵의 주변을 도는 전자처럼 궤도운동을 하면 자기장이 발생한다(냉장고에 붙이는 영구자석도 이 원리를 이용하여 만든 것이다). 지구 전체가 하나의 자석처럼 거동하는 것은 핵에서 생성된 전류와 자기장 때문이다.

지구는 크기에 비해서 자기장이 매우 강한 편이다. 태양계의 다른 지구형 행성들도 자기장을 갖고 있지만 지구만큼 강하지 않다. 지구의 자기장은 막대자석처럼 확실한 N극과 S극을 갖고 있는 반면, 화성은 많은 면에서 지구와 쌍둥이처럼 닮았음에도 불구하고 자기장이 없다. 그러나 달과 화성의 지각에 자화磁化, magnetized된 바위가 존재하는 것을 보면 이들도 생성 초기에는 자기장을 갖고 있었을 것으로 추정된다. 수성은 내부에 철로 이루어진 거대한 핵을 갖고 있어서 지구와 비슷한 자기장이 존재하지만 지구보다 훨씬 약하다. 거대 가스 행성들도 강한 자기장을 갖고 있는데, 태양계 안과 밖을 통틀어서 자기장이 가장 강한 행성은 놀랍게도 목성이다.

지구의 자기장(이하 지자기장)은 대기권을 넘어 달까지 영향을 미친다(지자기장은 원래 막대자석의 자기장과 비슷한 형태이나, 태양풍의 영향을 받아 고래의 몸통처럼 태양 반대쪽으로 길게 늘어나 있다). 또한 지자기장은 태양풍에 실려 날아온 고에너지 하전 입자로부터 대기와 생명체를 보호해준다. 대기권 위에서 지구를 감싸고 있는 밴앨런대Van Allen belts가 바로 그것이다. 이 영역은 자기장이 마치 호리병처럼 생겨서 하전 입자가 들어오면 더 이상 진행하지 못하고 그 안에 갇히게 되는데, 태양플레어solar flare*나 자기폭풍이 일어나면 입자의 일부가 남극과 북극의 성층권으로 유입되어 남극광Aurora Australis과 북극광Aurora Borealis을 만들어내기도 한다. 그러나 할리우드 영화에서 보았던 것처럼, 지자기장은 전하가 없는 입자나 마이크로복사파까지 막아주지는 못한다.

지구 내부에서 생성된 자기장을 관측해보면 지자기장의 원천이 액체 상태의 핵이라는 사실을 확인할 수 있다(지자기장의 지도는 19세기 초에 독일의 수학자 카를 프리드리히 가우스Carl Friedrich Gauss가 작성했다). 지자기장은 시간에 따라 조금씩 달라지고 있는데, 이 변화는 맨틀의 지질학적 변화보다 빠르게 진행된다(손톱이 자라는 속도보다 빠르다). 지자기장의 형태는 막대자석이 만드는 자기장과 비슷하지만(종이에 막대자석을 놓고 주변에 쇳가루를 뿌

---

* 태양에서 방출되는 에너지가 국소적으로 증가하는 현상. 이때 대량의 하전 입자가 고속으로 방출된다.

리면 자기장의 모양이 확연하게 드러난다), 사실 지구는 영구자석이 아니다. 맨틀과 핵은 온도가 너무 높아서 철의 자성을 유지할 수 없기 때문이다. 게다가 지자기장은 수십 년, 또는 수백 년 사이에 눈에 띌 정도로 변하며(이 사실을 처음 알아낸 사람은 17세기에 혜성으로 유명세를 떨친 에드먼드 핼리Edmond Halley였다), 수십만 년을 주기로 N극와 S극이 갑자기 뒤바뀌기도 한다. 이런 점으로 미루어볼 때 지자기장은 지구의 내부에 존재하는 거대하고 유동적인 도체 때문에 형성되었다고 생각할 수밖에 없는데, 가능한 후보는 외핵에 섞여 있는 액체 상태의 철뿐이다. 지자기장을 생산하는 핵의 대류현상(이것을 지오다이나모geodynamo라 한다)이 컴퓨터 시뮬레이션을 통해 밝혀진 것은 불과 20년 전의 일이었다.

지오다이나모의 기원과 구체적인 과정은 아직도 논란의 여지가 다분하다. 아마도 외핵과 맨틀의 경계 부근에 떠있는 액체 상태의 철이 대류를 일으키면서 에너지를 공급하고 있을 것이다. 그러나 철은 열전도도가 높기 때문에 대류가 반복되면 쉽게 열평형 상태에 도달한다. 즉 차가운 부분과 뜨거운 부분의 온도 차이가 사라지기 때문에 오랜 세월 동안 에너지를 공급하기에는 역부족이다.

액체의 성분 차이나 화학적 차이가 핵의 대류를 일으킬 수도 있다. 특히 액체 상태의 외핵에는 다량의 철에 유황처럼 가벼운 원소가 조금 섞여 있기 때문에 내핵의 경계 부근에서 응고되면 가벼운 유황은 액체에 남아(유황은 고체보다 액체에 더 잘 녹는다) 추가 부력을 만들어내고, 그 결과 액체는 외핵의 아래쪽에서 위쪽으로 빠르게 떠오른다. 즉 지오다이나모에 동력을 공급하는 대류가 일어나는 것이다. 금성은 표면이 매우 뜨거운데, 이는 맨틀과 핵의 온도가 지구보다 훨씬 높다는 뜻이므로 내핵에서 응고가 일어나지 않아 자기장을 만들지 못한다. 그러나 지오다이나모는 다른 방식으로 설명할 수도 있기 때문에, 화학적 대류에 의해 지오다이나모가 유지된다는 주장은 아직 가설의 단계에 머물러 있다.

이제 지구의 표면으로 돌아와서 지각과 대륙이 형성된 과정을 살펴보자. 일반적으로 행성의 지각은 가장 가벼운 용해물이 표면으로 떠올라 응고되면서 만들어진다. 그러므로 마그마의 바다가 지구를 덮고 있을 때 가벼운 물질이 가장 바깥층으로 떠올라서 얇은 지각층을 만들었을 것으로 추정되지만, 그 흔적은 거의 남아 있지 않다. 맨틀(또는 마그마 바다)에서 표면으로 떠오른 용해 물질이 굳으면 현무암이 되는데, 하와이의 현무암 지대가 대표적 사례이다. 하와이 제도는 철핵과 맨틀의 경계 부위에서 이상적으로 뜨거운 부위(이곳을 '핫스팟hot spot'이라 한다)가 대류를 타고 떠올라 형성된 지형으로, 지금도 계속 형성되는 중이다. 맨틀의 깊은 하부층은 고체 상태에 가깝지만 그중 일부가 대류를 타고 표면으로 올라오면 10~20%는 액체로 변한다. 압력이 낮을수록 쉽게 용해되기 때문이다(압력이 낮아지면 원자가 쉽게 이동할 수 있다). 이렇게 용해된 물질이 표면으로 올라와 굳은 것이 현무암이다. 하와이에는 다량의 현무암으로 이루어진 초대형 순상화산楯狀火山, shield volcano*이 있는데, 화성에 있는 올림푸스산Olympus Mons도 이와 비슷한 과정을 거쳐 형성되었을 것으로 추정된다.

현무암 지대 중에는 화산이 아닌 다른 요인에 의해 형성된 것도 있다. 야구공의 솔기처럼 지구를 감아 도는 대양저산맥mid-ocean ridges이 대표적 사례이다. 그러나 사실 이것은 이음매가 아니라, 해저면의 갈라진 틈으로 현무암 용암이 분출되면서 만들어진 대양지각이다. 흔히 '해저 확장seafloor spreading'으로 알려진 이 과정은 판구조론이 자리를 잡는 데 결정적인 역할을 했다.

* 경사가 완만한 화산. 유동성이 큰 용암이 분출되면 이런 형태의 화산이 형성된다.

해저 확장은 1960년대에 미국의 지질학자 해리 헤스Harry Hess가 처음 예견한 후 케임브리지대학교의 지질학자 프레더릭 바인Frederic Vine과 드루먼드 매슈스Drummond Matthews, 그리고 캐나다의 로렌스 몰리Lawrence Morley에 의해 사실로 확인되었다. 대양저산맥의 현무암 용암 속에는 자성광물이 지자기장의 방향을 따라 나열되어 있는데, 이것은 해저 확장이 실제로 일어났음을 보여주는 확실한 증거이다(막대자석 주변에 뿌린 쇳가루가 자기장 방향으로 나열되는 것과 비슷한 현상이다). 또한 해저면의 현무암층에는 지자기장의 N극과 S극이 주기적으로 뒤바뀌었던 흔적이 마치 녹음테이프처럼 기록되어 있다(녹음용 테이프의 감긴 두께가 시간이 흐를수록 두꺼워지듯이 현무암층도 서서히 두꺼워졌다). 그러므로 대양저산맥과 나란히 나있는 자기띠magnetic stripe의 방향 변화를 관측하면 해저면이 얼마나 빠르게 이동했는지 알 수 있다.

지질학자들은 판구조론 혁명을 불러일으킨 일등공신으로 해저 확장의 발견을 꼽는다. 지구의 표면이 움직이고 있다는 아이디어가 처음으로 대두된 것은 1920~30년대였는데, 당시 유행했던 대륙이동설은 판구조론과 사뭇 다른 이론이었다. 독일의 기상학자 알프레드 베게너Alfred Wegener가 처음으로 제안했던 대륙이동설은 대륙이 대양지각을 밀어내면서 마치 빙하처럼 표류한다는 이론이고(훗날 이런 식의 이동은 불가능한 것으로 판명되었다), 판구조론은 지표면 전체가 몇 개의 조각으로 나뉜 채 각자 상대적으로 이동하고 있으며, 개개의 조각(이것을 '지질구조판', 또는 간단하게 '판'이라 한다) 위에 놓인 대륙들은 판이 이동할 때마다 무임승차한 승객처럼 따라서 움직인다는 이론이다. 지구의 표면은 가장 큰 태평양판을 비롯하여 약 12개의 지질구조판으로 덮여 있다. 그동안 수많은 과학자들이 판구조론의 이론적 기틀을 세우는 데 공헌해왔고, 케임브리지대학교의 댄 매켄지Dan McKenzie와 프린스턴대학교의 제이슨 모건Jason Morgan은 판의 이동 원리를 설명하는 수학 모형을 제안하여 판구조론에 활기를 불어넣었다. 그러나 지각판이 갈라져 있는 이유는 아직도 미스터리로 남아 있다(우리가 아는 한, 다른 행성의 표면은 여러 조각으로 갈라져 있지 않다).

지질구조판은 100km 두께의 차갑고 견고한 바위층이지만 경계면은 구조가 약하여 끊임없이 미끄러지고 있다(지질학적 시간규모에서 보면 '미끄러짐'이고, 인간적인 시간규모에서 보면 '지진'이다). 이 미끄러짐이 누적되면 판의 이동으로 나타난다. 앞에서도 말했

지표면을 덮고 있는 지질구조판과 대륙의 분포

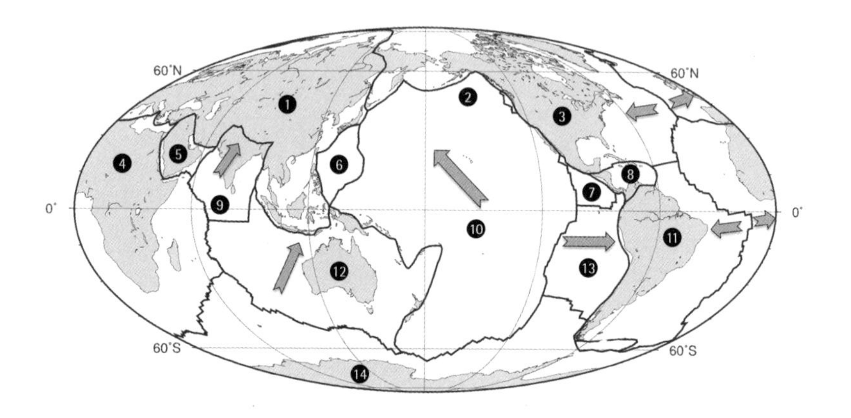

1. 유라시아판Eurasian
2. 후안 데 푸카판Juan de Fuca
3. 북아메리카판N. American
4. 아프리카판African
5. 아라비아판Arabian
6. 필리핀판Philippine
7. 코코스판Cocos
8. 카리브판Caribbean
9. 인도판Indian
10. 태평양판Pacific
11. 남아메리카판S. American
12. 호주판Austrailian
13. 나즈카판Nazca
14. 남극판Antarctic

지구의 표면은 퍼즐 조각처럼 몇 개의 지질구조판으로 나뉘어 있으며, 판들 사이의 상대적 위치는 서서히 변하고 있다. 그림 속의 화살표는 개개의 판이 이동하는 방향을 나타낸다. 서로 맞닿아 있는 지질구조판의 경계면은 상대적 이동 방향에 따라 발산경계면divergent boundary(인도-유라시아판과 북아메리카판이 충돌하면서 생긴 대서양 중앙산령)과 수렴경계면convergent boundary(인도판과 유라시아판이 충돌하면서 생긴 히말라야산맥), 그리고 변환경계면transform boundary(대서양판과 북아메리카판이 충돌하면서 생긴 산안드레아스단층)으로 구분된다. 또한 차갑게 식은 판이 맨틀층으로 가라앉은 지역을 섭입대攝入帶, subduction zone라 하는데, 이것은 맨틀의 대류현상으로 이해할 수 있다. [그림 제공 : 하와이대학교 폴 위셀Paul Wessel]

지만 해저 확장이 일어나는 곳에서는 지각판들이 서로 멀어지고 있는데, 한 지역에서 멀어지면 다른 지역에서는 가까워져야 한다(그렇지 않으면 경계면이 갈라지면서 맨틀이 분출되어야 하는데, 이런 대형 참사는 일어나지 않기 때문이다). 특히 '섭입대'라 불리는 지역에서는 이와 같은 현상이 두드러지게 나타난다. 하나의 판이 이웃한 판으로부터 멀어지면 반대편에 있는 또 다른 판 밑으로 파고 들어가는데, 섭입대는 이 과정에서 만들어진 지형이다. 지질구조판이 처음 생성된 뜨거운 지역에서 멀어지면 차갑고 무거워지면서 서서히 흐르는 맨틀 쪽으로 가라앉기 때문이다. 마리아나 해구海溝는 섭입대의 대표적 사례로서, 이곳의 해저면은 지금도 자체 무게에 의해 서서히 내려앉고 있다. 이 모든 운동은 무작위로 일어나지 않고 맨틀의 대류에 기인하는 것으로 추정된다.

(나를 포함한) 지질학자들은 섭입대가 맨틀대류의 증거일 뿐만 아니라 판구조론의 이론적 기틀을 제공한다고 믿고 있다. 지질구조판 하부의 온도가 내려가서 가라앉으면(이 부분을 섭입판이라 한다) 판의 윗부분도 함께 가라앉는데, 이런 지역에서는 판의 가장자리가 가장 빠르게 움직인다. 반면에 섭입대가 비교적 작거나 아예 없는 판들은 이동 속도가 훨씬 느리다. 이들은 스스로 움직이는 것이 아니라 가라앉는 판에 떠밀려서 어쩔 수 없이 이

동하고 있다. 태평양판은 지구에서 가장 큰 지질구조판이자 가장 큰 섭입대로서, 이동 속도도 가장 빠르다(그래봐야 1년 당 10cm에 불과하다).

섭입대는 지진과 화산활동이 가장 활발한 지역이기도 하다. 대부분의 지진은 해령海嶺(바다 밑 산맥)에서 발생하지만 규모가 비교적 작다. 또한 해령에서 만들어진 용암은 유동성이 커서 쉽게 흐르는 경향이 있다. 산안드레아스단층San Andreas fault과 아나톨리단층Anatolian fault에서는 판이 멀어지거나 충돌하지 않고 경계면에서 미끄러지고 있는데, 이런 곳에서는 국소적으로 대규모 지진이 일어나기 쉽고 뜨거운 맨틀이 위로 올라오지 않으므로 화산활동은 거의 없다. 그러나 섭입판은 위로 올라탄 판의 가장자리를 잡아당겨서 활처럼 휘어놓기 때문에 두 판 사이의 마찰력이 복원력을 버티지 못하여 대규모 지진이 일어나기 쉽고(잔뜩 휘어진 활이 풀리면서 화살이 날아가는 것과 비슷하다), 진원지가 주로 바다이기 때문에 종종 쓰나미를 동반한다.

또한 섭입대에서는 차가운 판이 아래로 가라앉고 있는데도 화산활동이 활발하게 일어나고 있다. 차가운 바위가 가라앉는데 왜 용암이 분출되는 것일까? 이곳의 화산은 대륙 지각의 형성 과정을 설명하는 중요한 단서를 제공한다. 우리가 아는 한, 지질구조판과 지각을 보유한 행성은 지구밖에 없다.

섭입대에서 바위가 녹는 과정은 해령이나 하와이의 핫스팟에서 바위가 녹는 과정보다 복잡하다(무언가가 '녹는다'고 하면 흔히 얼음이나 밀랍에 열을 가하여 녹는 과정을 떠올리지만, 섭입대나 해령에서는 바위가 뜨거워져서 녹는 게 아니다). 중앙해령mid-ocean ridge*과 핫스팟의 맨틀바위는 위로 떠오르면서 압력이 낮아졌기 때문에 쉽게 용해된다. 그러나 섭입대에서 바위를 녹이는 주요인은 '물'이다. 지질구조판이 섭입대로 진입하면 수천만~수억 년 동안 물 위에 놓이게 된다. 해령에서 분출된 용암이 물과 반응하면 각섬석角閃石, amphibole이나 사문석蛇紋石, serpentine 같은 함수광물**이 생성되고, 이들로 이루어진 퇴적물이 해저면에 쌓인다(이 과정에서 탄소도 중요한 역할을 하는데, 자세한 내용은 뒤에서 다룰 예정이다). 지질구조판이 섭입대에 진입할 때쯤이면 판을 덮고 있는 얇은 지각에 다량의 함수광물이 섞여 있는데, 이들 중 대부분은 판과 함께 섭입대로 빨려 들어간다(이 과정에서 퇴적물의 일부는 지각

* 대양의 한가운데 위치한 해저 산맥.
** 결정격자 속에 물 분자가 포함된 광물.

으로부터 벗겨져서 뒤쪽에 층층이 쌓이게 된다). 함수광물이 맨틀의 특정 깊이에 도달하면(약 100km) 온도와 압력이 너무 높아서 수분을 밖으로 토해내고, 이 수분은 섭입판의 윗부분으로 올라왔다가 근처에 있는 뜨거운 맨틀바위로 유입된다. 이렇게 수화水化된 바위는 마른 바위보다 쉽게 녹기 때문에(물은 광물 사이의 결합을 약화시킨다) 수분을 머금은 맨틀에 용해된다(이 맨틀은 온도가 특별히 높지 않은데도 표면으로 떠오른다). 맨틀에 녹아 있는 용해 물질은 하와이 용암보다 차갑지만 기본적으로는 유동성이 큰 현무암 용암과 비슷하여 위로 떠오르다가 표면에 도달하면 지각의 가장 취약한 부분을 녹이는데, 이때 녹은 바위는 실리카silica(규소의 산화물, 또는 규산염)를 다량 함유하고 있어서 지각의 다른 부분과 분리되려는 경향이 있다. 실리카를 가장 많이 함유한 마그마는 화강암으로, 이는 "차가운" 용해 과정의 전형적 산물이다.

원시 지구에서 처음으로 섭입대가 용해되었을 무렵에 얇은 해양 지각이 녹으면서 소량의 화강암이 생성되었다. 해양 지각은 지금도 녹고 있지만 화강암(또는 화강암에 가까운 바위) 생산량은 그리 많지 않고, 그 결과로 해구에 생긴 호상열도弧狀列島 화산island arc volcano(카리브해 제도와 알류샨열도Aleutian islands 등지에서 볼 수 있음)은 맨틀에서 유입된 화강암 마그마를 다량 함유하고 있다(섭입대가 원호의 일부처럼 생겼기 때문에 'arc(호상弧狀)'이라는 이름이 붙었다). 그러나 화강암은 지각이 녹았다가 굳고 또 녹으면서 지금도 계속 생산되고 있으며, 화강암은 가벼워서 맨틀에 가라앉지 않기 때문에 욕조의 배수구 위에 떠다니는 장난감처럼 섭입대 근처에 계속 쌓여왔다. 그러므로 화강암은 지각 위에 점점 더 두껍게 쌓여서 대륙 지각의 기초가 되었을 것이다. 뿐만 아니라 대륙 밑에 있는 섭입대는 수분이 많은 액체 맨틀을 두꺼운 지각 쪽으로 밀어내어 규산염이 풍부한 바위를 녹이고, 그 결과로 화강암이 계속 생성되고 있다. 규산염이 풍부한 마그마는 쉽게 융해되지만 두께가 매우 두껍고 (밀도는 낮지만) 풀처럼 녹진녹진하기 때문에 쉽게 움직이지 않는다. 또한 이들은 맨틀이 처음 녹을 때 발생한 기포에 들러붙어서 압력이 낮은 쪽으로 쉽게 떠오른다. 따라서 이런 마그마로 이루어진 화산은 대부분이 대륙형 호상화산*인데 대체로 높고 경사가 급하며, 분출 전에 고압 기체를 잔뜩 품고 있기 때문에 한 번 폭발하면 엄청난 위력을 발휘한다. 그러나 이들이 폭발하지 않더라도 섭입대에서 일어나는 "축축한 융해wet-melting"로 인해 지구의 대륙이 만들어졌다는

* 여러 개의 화산이 원호를 따라 산맥처럼 나열된 화산 집단.

데에는 의심의 여지가 없다.

맨틀에 섞여 있던 규산염과 화강암이 융해와 분리를 반복하면서 대륙을 이룰 정도로 누적될 때까지는 20억 년에 가까운 시간이 소요되었다. 초기에는 여러 개의 대륙이 모여서 거대한 초대륙을 이루었다가 지질구조판이 주기적으로 파열되면서 지금과 비슷한 크기의 대륙으로 갈라졌고, 수억 년 후부터는 다시 가까워지기 시작했다. 이와 같은 초대륙의 이합집산 주기를 윌슨 주기Wilson Cycle라 한다(캐나다의 지질학자 투조 윌슨J. Tuzo Wilson의 이름에서 따온 용어이다). 지금으로부터 2억 년 전에 마지막 초대륙 '판게아Pangea'가 갈라지면서 대륙 확장의 중심점인 대서양 중앙 해령을 따라 대서양이 형성되었다. 그래서 남-북 아메리카 대륙의 동부 해안선은 유라시아와 아프리카 대륙의 서부 해안과 비슷하게 생겼다.

대륙이 지금과 같은 모습으로 형성되려면 '지질구조판'과 '액체 상태의 물'이라는 두 가지 요소가 필요하다. 특히 물은 해저광물에 스며들어 이를 수화水化시킬 정도로 충분히 많아야 한다. 이것은 지구에만 존재하는 특별한 환경이다. 뒤에서 다시 언급하겠지만 지질구조판과 물은 긴 세월 동안 지구 환경을 안정적으로 유지해왔으며, 기후가 온화했기 때문에 다량의 물이 액체 상태로 존재할 수 있었다. 또한 지질구조판이 유지되려면 물과 선선한 기후가 필요했던 것으로 추정된다. 즉 지질구조판과 물, 그리고 적절한 온도는 삼각대의 다리처럼 하나가 존재하기 위해 나머지 둘이 필요한 관계였다.

그러나 지질구조판에 물과 선선한 기후가 필요했던 이유는 아직 분명치 않다. 예를 들어 섭입대에서 융해된 퇴적물과 수화물은 섭입 과정을 촉진하는 윤활유 역할을 했고, 지구의 차가운 기후도 지질구조판의 가장자리를 약하고 미끄럽게 만들어서 판의 이동을 촉진했다. 그러나 두께가 100km에 달하는 판의 경계면 전체를 매끄럽게 만들 정도로 물이 많았다고 보기는 어렵다. 그토록 압력이 높은 곳에는 다량의 물이 유입될 수 없기 때문이다. 아마도 판의 경계면 전체를 약하게 만든 다른 요인이 존재했을 것이다. 빠르게 변형된 판의 경계면에 자연스럽게 노출된 바위들은 극히 작은 광물 알갱이를 함유하고 있는데(이런 바위를 압쇄암壓灑岩, mylonite이라 한다), 이 알갱이들이 바위를 부드럽게 만들어서 판의 경계면이 매끄러워졌고, 판이 미끄러지면서 경계면 바위에 손상을 입혀 알갱이는 더욱 작아졌다. 아마도 대륙의 경계면은 이 과정이 반복되면서 서서히 형성되었을 것이다. 그러나 광물 알갱이는 혼자 있을 때 서서히 커지는 경향이 있기 때문에(거품 덩어리 안에서 거품 알갱이가 점점 커지는 것과 비슷하다) 시간이 지나면 바위는 일종의 치유 과정을 거쳐 다시 견고해지고, 이 과정은 온도가 높을수록 빠르게 진행된다. 그러므로 지구의 표면은 액체 상태의 바다를 유지할 정도로 차가웠을 뿐만 아니라, 판의 경계면 깊은 곳에 난 상처가 치유될 수 없을 정도로 차가웠을 것이다. 금성은 표면이 뜨겁기 때문에 치유가 빠르게 진행되어 판의 경계면이 견고하게 유지되었다. 금성에 지질구조판이 존재하지 않는 이유는 이런 논리로 설명할 수 있지만, '손상과 치유' 가설만으로는 지구 대륙의 형성 과정을 완전하게 설명할 수 없다.

지질구조판과 액체 상태의 바다가 상호 의존적이었다면, 닭과 계란의 기원설과 비슷한 질문을 제기하지 않을 수 없다. "어느 쪽이 먼저 생겼는가?" 이것은 지구과학에서 가장 중요한 질문 중 하나이다(물론 빅뱅만큼 중요한 질문은 아니다). 이 질문에 답하려면 지질구조판과 바다가 처음 형성된 시기와 형성 과정을 알아야 하는데, 지금까지는 감질나는 가설만 제기되었을 뿐이다.

지난 10년 사이에 호주의 잭힐스Jack Hills 철광산에서 44억 년 전에 생성된 초소형 지르콘 광물이 발견되었다. 이런 형태의 지르콘은 화강암 안에서 형성된 것으로 추정된다. 대부분의 화강암은 수화된 바위가 융해되면서 만들어지기 때문에, 이들이 존재한다는 것은 물과 섭입대가 (그리고 지질구조판과 비슷한 무엇이) 44억 년 전에 존재했음을 의미한다. 그러나 지르콘만으로는 지질구조판과 바다 중 어느 쪽이 먼저 생겼는지 판별할 수 없다. 아마도 둘은 거의 동시에 형성되었을 것으로 추정된다. 동시가 아니었다면 둘 다 생겨나지 못했을 것이다. 그러나 드문 경우이긴 하지만 화강암은 다른 과정을 통해 만들어질 수도 있다. 예를 들어 바위에 하와이 타입의 용암을 뿌리면서 녹였다 굳히기를 반복하면 화강암과 비슷한 바위가 형성된다. 그러므로 "지질구조판이 먼저인가, 아니면 바다가 먼저인가?"라는 의문은 아직 해결되지 않은 상태이다. 이 문제는 뒤에 이어지는 몇 개의 장에서 계속 다룰 예정이다.

지금까지 우리는 대륙의 기원을 추적하면서 지구의 내부 구조와 이동 패턴을 살펴보다가 두 가지 신기한 현상에 직면했다. 첫째, 맨틀의 대류는 모든 행성에서 일어나고 있지만 오직 지구만이 지질구조판을 갖고 있으며, 지구의 맨틀대류는 지진 및 화산 활동과 함께 마그마를 표면으로 밀어 올렸고 물과 이산화탄소를 맨틀에 유입시켰다(이 내용은 다음 장에서 다룰 것이다). 우리가 아는 한 다른 행성에서는 마그마를 표면으로 밀어 올려 화산활동을 촉발했을 뿐, 물과 이산화탄소가 맨틀에 유입되는 사건은 일어나지 않았다. 둘째, 지구는 강한 자기장을 갖고 있는 유일한 행성이다(수성의 자기장도 지구 못지않게 강한 것으로 알려져 있지만 아직은 논란의 여지가 남아 있다). 지자기장은 대기권 밖까지 뻗어 있는데, 놀랍게도 자기장의 에너지원은 지구의 중심부에 있는 액체 상태의 철이다. 지구의 깊은 내부와 전체적인 크기는 금성과 거의 비슷하지만, 환경 차이(태양과의 거리와 달)가 두 행성의 운명을 완전히 바꿔놓았다. 다행히도 지구에는 자기장과 지질구조판, 그리고 물이 존재했고 이들 덕분에 생명체가 번성하는 유일한 행성이 될 수 있었다.

▲ 안드로메다 은하

안드로메다 자리는 현재 통용되고 있는 88개의 별자리 중 하나이며, 안드로메다 은하는 안드로메다 자리에 속해 있는 은하로서 천문학상의 명칭은 NGC 7640이다. 은하는 형태에 따라 여러 종류로 나뉘는데, NGC 7640은 회전하는 팔을 갖고 있는 나선 은하에 속한다. 지구가 속한 은하인 은하수도 나선 은하다.

▲ 은하단

NASA의 허블우주망원경이 촬영한 은하단 MACS J0416.1-2403의 모습. 중력렌즈효과가 잘 나타난 대표적 사진으로 꼽힌다. 중력렌즈란 천체의 거대한 질량 때문에 빛이 휘어서 돋보기 같은 효과가 나타나는 현상을 말한다.

◀ **독수리 성운**

독수리 성운 안에서 발견된 차가운 기체와 먼지로 이루어진 구름기둥. 마치 긴 꼬리와 날개를 펴고 날아오르는 독수리를 연상케 한다. 이 구름기둥의 길이는 약 9.5광년(약 90조km)으로, 지구에서 가장 가까운 별까지의 거리보다 두 배 가까이 길다. 이곳은 아기별들이 태어나는 요람으로 알려져 있다.

▶ **붉은거미 성운**

두 장의 거대한 잎사귀를 닮은 붉은거미 성운. 궁수자리에서 3,000광년 거리에 있다.

▲ 백색왜성

큰개자리의 시리우스Sirius 근처에는 별이 타고 남은 잔해인 백색왜성 '시리우스-B'가 마지막 빛을 발하고 있으나, 시리우스의 섬광에 가려 일반 망원경으로는 잘 보이지 않는다. 이 사진은 국제천문관측 팀의 지휘하에 허블망원경으로 촬영한 것이다.

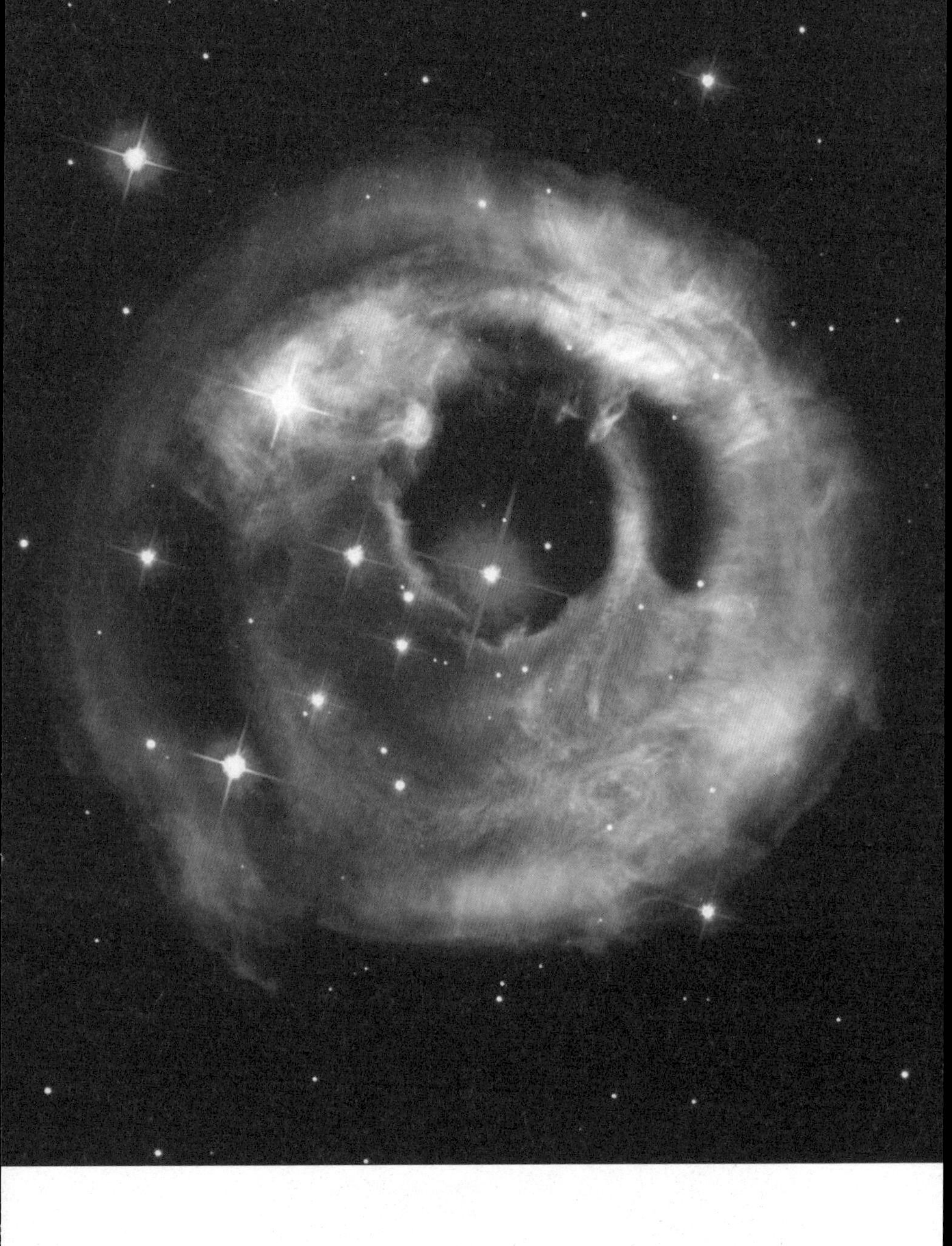

▲ 적색초거성

허블망원경이 촬영한 외뿔소자리 V838의 모습. 주변을 에워싼 먼지구름이 몽환적인 풍경을 연출하고 있다. "빛의 메아리light echo"로 알려진 이 현상은 2002년에 몇 주 동안 새로운 천체가 빛을 발하면서 처음으로 관측되었다.

◀ **초신성**

[위] 지금으로부터 30년 전인 1987년에 남반구의 천문학자들이 대마젤란 성운에서 새로운 천체를 발견했다. 오늘날 '초신성-1987A'로 알려진 이 천체는 지난 수백 년 동안 관측된 초신성들 중 가장 밝다.
[아래] 별이 폭발한 후 관측된 초신성-1987A의 모습.

▲ **블랙홀을 에워싼 차가운 먼지구름(상상도)**

은하의 중심에 자리 잡은 초대형 블랙홀은 고리형으로 모여든 차갑고 두터운 구름으로 둘러싸여 있다. 최근에 천문학자들은 이 게걸스러운 블랙홀의 덩치가 예상보다 훨씬 작다는 사실을 알게 되었다.

▲ **우주의 "겨울왕국"**

우주에는 계절이라는 것이 없지만, 사진 속 천체는 꽁꽁 얼어붙은 겨울왕국을 연상시킨다. 이곳은 NGC 6357로 알려진 영역으로, 젊고 뜨거운 별에서 방출된 복사열이 차가운 기체에 에너지를 부여하여 사진과 같은 장관을 연출했다.

▲ **지구와 크기가 비슷한 '타투인Tatooine' 행성(상상도)**
케플러-35A와 B로 이루어진 연성계를 공전하는 가상의 행성. 영화 〈스타워즈〉의 주인공 루크 스카이워커가 살았던 타투인 행성도 태양이 두 개였다. 실제로 연성계에는 행성이 존재할 수 있는 것으로 알려졌다.

▲ **목성의 대적점**Great Red Spot**(상상도)**

목성의 가족 초상화. 그림의 왼쪽에는 목성의 대적점이 있고, 오른쪽에 있는 것은 목성의 위성들 중 가장 큰 이오, 유로파, 가니메데, 칼리스토이다(실제로는 그림보다 훨씬 멀리 떨어져있다). 목성의 대적점은 거대한 폭풍이 일어나는 곳으로, 시속 400km가 넘는 강풍이 300년이 넘도록 반시계방향으로 몰아치고 있다. 대적점의 위-아래 폭은 지구의 지름보다 크고, 좌-우 폭은 지구의 두 배가 넘는다. 단, 이 그림은 비스듬한 각도에서 그렸기 때문에 폭보다 높이가 더 길어 보인다.

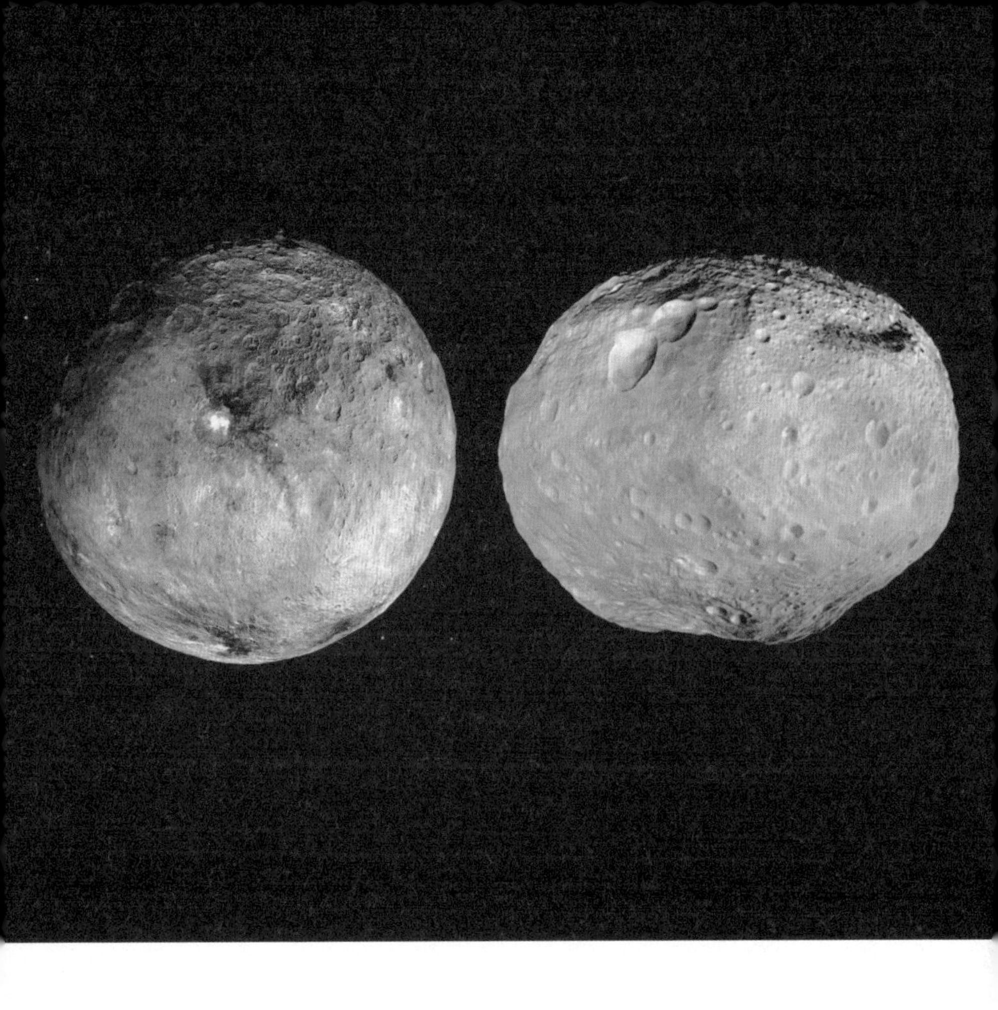

▲ **[왼쪽] 세레스**

왜소행성으로 분류된 세레스는 화성과 목성 사이의 소행성 벨트에서 가장 큰 소행성이자 내태양계(태양과 화성 사이의 태양계)에 존재하는 유일한 왜소행성이다(소행성 벨트의 전체 질량의 25%를 차지한다!). 1801년에 이탈리아의 천문학자 주세페 피아치Guiseppe piazzi에 의해 처음 발견되었으며, 2015년에는 인공탐사선이 착륙한 바 있다. 세레스는 로마 신화에 등장하는 풍작의 여신이다. "시리얼cereal(옥수수, 보리 등으로 만든 아침식사용 가공식품)"이라는 명칭도 여기서 유래되었다.

[오른쪽] 베스타

NASA의 돈 탐사선Dawn spacecraft은 2011년 7월~2012년 9월에 걸쳐 베스타 소행성을 탐사했다. 남극에 돌출된 산은 에베레스트산보다 두 배 이상 높다. 왼쪽 위에는 눈사람 모양으로 나 있는 세 개의 운석공이 또렷하게 보인다.

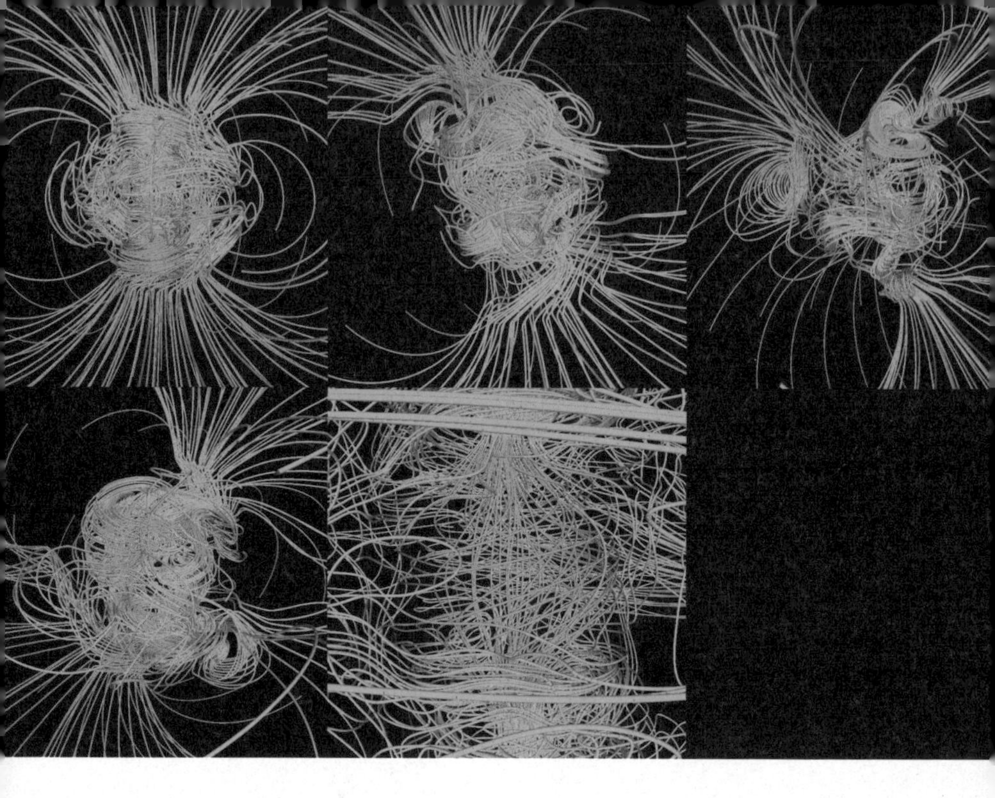

▲ **지오다이나모 이론에서 예견된 자극의 이동**

글라츠마이어-로버츠Glatzmaier-Roberts의 지오다이나모 이론에 입각하여 작성된 3D 자기장 시뮬레이션. 지구로 들어오는 자기장은 푸른색, 지구에서 밖으로 나가는 자기장은 노란색으로 표현했다. 코어맨틀의 경계면이 액체 핵에서 생성된 자기장의 영향을 받으면 자극이 서서히 이동하여 N, S극이 완전히 뒤바뀔 수도 있다.

▶ **[위] 화성의 올림푸스산**

태양계에서 가장 높은 산으로 알려진 화성의 올림푸스산. 높이는 약 27km로 지구에서 가장 높은 에베레스트산(약 8,8km)의 3배가 넘고, 전체 너비는 무려 540km에 달한다(한반도의 전체 면적과 비슷하다!).

[아래] 물의 순환

우주에서 지구를 바라보면 대부분이 물로 덮여 있음을 한눈에 알 수 있다. 실제로 지표면의 75%는 물이나 얼음으로 덮여 있다. 지질학적 증거에 의하면 지구의 물은 지난 38억 년 동안 꾸준히 순환해왔으며, 그중 대부분이 아직도 남아 있다. 대부분의 지질학자들은 고대의 화산이 폭발하면서 지구에 물을 공급했다고 믿고 있지만, 혜성이나 소행성이 물을 실어날았다는 설도 있다. 지구는 태양계의 행성들 중 물이 액체-고체-기체 상태로 모두 존재할 수 있는 유일한 행성이다. 지구에 생명체가 번성할 수 있었던 것도 액체 상태의 물이 다량으로 존재했기 때문이다.

▲ **해저 열수분출공**

후안 데 푸카Juan de Fuca 해저능선에서 발견된 열수분출공. 지구 최초의 생명체 탄생에 관한 비밀을 간직하고 있다.

▲ 스트로마톨라이트

지구에서 가장 오래된 화석. 호주 서부 샤크만Shark Bay의 헤멀린 풀 해상보존지역Hamelin Pool Marine Nature Reserve에 퍼져 있다.

▲ **북극곰**
점점 줄어드는 얼음 사이에서 방황하고 있다.

사진 및 그림 출처 @nasa.gov

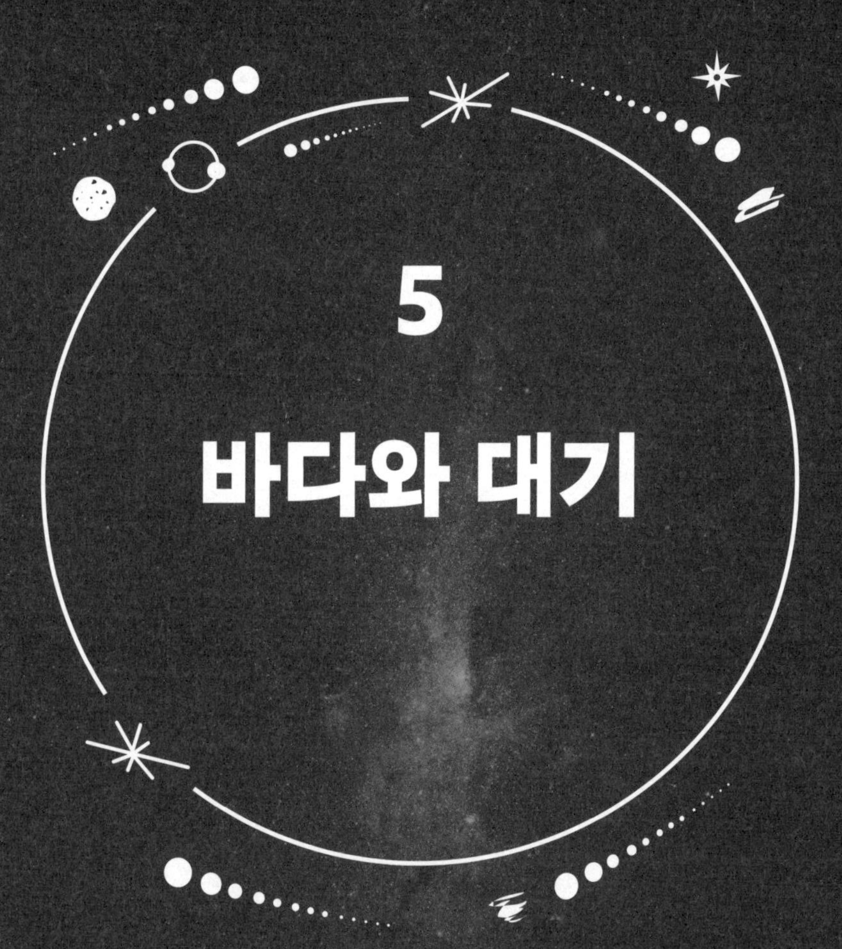

5

바다와 대기

지구의 생명은 표면을 덮고 있는 얇은 대기와 물에서 탄생했다. 생명체를 구성하고 생명 활동을 유지하는 데 필요한 모든 자원을 이 한정된 영역에서 조달했다는 뜻이다. 인간은 탄소를 기반으로 한 생명체로서 신체의 대부분이 물로 이루어져 있으며, 이산화탄소로 물과 당분을 만들어내는 식물에 전적으로 의존하고 있다. 물론 생명은 당분만으로 유지되지 않는다(가끔 예외가 되려는 사람도 있다. 당뇨병 조심!). 여기서 한 가지 질문을 던져보자. "대기와 물은 어디서 왔는가?" 지구 대기의 운명은 태양계 생성 초기에 원시 태양이 내태양계를 달구던 시절부터 이미 결정되어 있었다(이때 바다의 운명도 함께 결정되었다. 3장의 관련 내용을 다시 읽어보기 바란다). 설선Snow Line 바깥에 있는 외태양계에는 얼음과 액체, 그리고 수소와 같은 기체가 함께 존재했고 모든 물질(물, 메탄, 암모니아 등)은 수소로부터 만들어졌지만, 내태양계의 원시 행성들은 바위만 잔뜩 확보했을 뿐, 대기를 이룰 만한 재료가 별로 없었다. 그러나 오늘날 금성은 두꺼운 대기층을 갖고 있고 지구의 대기도 만만치 않으며, 화성도 비교적 얇긴 하지만 확실한 대기를 확보한 상태이다(예외적으로 수성의 대기는 매우 희박하다). 이 행성의 대기는 대체 어디서 온 것일까? 여기에는 몇 가지 이론이 있다.

첫째 이론은 '후기 버니어 가설Late Veneer hypothesis'이다. 이 가설에 의하면 지구를 비롯한 행성들은 40억 년 전에 있었던 후기 운석 대충돌기(3장에서 말한 대로, 거대 행성이 궤도를 바꾸면서 나타난 현상으로 추정됨)에 나선을 그리며 떨어지는 운석에 융단폭격을 당하면서 대기를 이룰 만한 요소들을 모두 잃어버렸다. 현존하는 대기와 바다는 이 난리가 끝난 후 태양계 바깥에서 날아온 혜성이 물과 이산화탄소, 그리고 휘발성 물질을 지구로 배달해준 덕분에 형성된 것이다(3장에서 말한 대로 태양계에는 두 개의 거대한 혜성 보관소를 갖고 있다. 해왕성 바깥에 있는 카이퍼 벨트와 태양계에서 멀리 떨어진 오르트구름이 바로 그것이다). 이 가설에 의하면 지구의 바다와 대기는 비교적 늦게 형성되었기 때문에 "후기"라는 접두어가 붙어 있다.

둘째 이론은 바다와 대기가 외계에서 온 것이 아니라 지구 내부에 숨어 있었다는 '내생기원설Endogenous Origin'이다(그렇다면 후기 버니어 가설은 '외생기원설Exogenous Origin'인 셈이다). 앞에서 대륙 지각을 논할 때 언급했던 대로 물은 바위의 표면에서 수화된 미네랄의 형태로 존재할 수 있으며, 이산화탄소는 바위의 내부에서 탄산염(석회암, 백악白堊 등)으로 존재할 수 있다. 맨틀을 구성하는 바위에도 물과 이산화탄소가 다양한 형태로 존재할 수 있지만, 양은 그리 많지 않다(전체 무게의 몇 %밖에 안 된다). 그러나 지구에 바다가 생성되기 위해 맨틀이 다량의 수분을 보유할 필요는 없다. 현재 바닷물의 총무게는 맨틀 무게의 0.03%에 불과하기 때문에(대기는 비교가 무의미할 정도로 가볍다), 맨틀이 축축하게 젖지 않아도 바닷물을 얼마든지 숨길 수 있다(직접 파고 들어가도 물은 보이지 않을 것이다). 과거에 지구를 구성했던 소행성과 미행성체들은 적당량의 물과 이산화탄소를 함유하고 있었으므로, 맨틀은 처음 생성될 때부터 바다와 대기를 만들 만한 재료를 충분히 확보한 상태였다.

그렇다면 땅속 깊숙이 숨어 있던 물과 이산화탄소가 어떻게 표면으로 올라올 수 있었을까? 과거 지구에 마그마의 바다가 존재했다면(그럴 가능성이 매우 높다), 마그마가 굳을 때 수증기나 이산화탄소와 같은 다량의 휘발성 기체가 발생했을 것이다. 마그마의 바다에 행성의 구성 성분(콘드라이트 등)에서 방출된 휘발성 기체가 함유되어 있었다는 것은 그다지 무리한 가정이 아니다. 마그마의 바다 전체가 어떻게든 거의 동시에 얼어붙었다면 휘발성 기체는 응고된 맨틀의 넓은 영역에 걸쳐 갇혔을 것이다. 그러나 마그마 바다의 구성 성분들은 어는점이 각기 달랐기 때문에 동시에 어는 것은 불가능하다. 마그마가 얼어붙을 때, 쉽게 결빙되지 않는 부분은 점점 더 많은 양의 물과 이산화탄소를 흡수했을 것이다. 휘발성 기체는 고체보다 액체에 훨씬 잘 녹기 때문이다(대부분의 화학물질은 얼음보다 물에 잘 녹는다. 실제로 얼어붙은 바다에는 염분이 거의 없다). 마그마의 바다가 모두 얼어붙은 후 마지막으로 남은 찌꺼기들은 다량의 휘발성 기체를 머금고 있었는데, 이들 중 일부는 무게가 가벼워서 표면으로 떠올랐고 무거운 것들은 마그마 바다의 해저면으로 가라앉았다(이 내용은 4장에서 언급했다). 가벼운 액체가 얕은 곳으로 떠오르면 압력이 낮아지면서 속에 녹아 있던 휘발성 기체를 밖으로 방출하고(콜라 병을 딸 때 거품이 생기는 것도 같은 이치다. 뚜껑을 열면 압력이 낮아져서 콜라에 녹을 수 있는 이산화탄소의 양이 줄어들기 때문에, 여분의 이산화탄소가 분출되어 거품을 만드는 것이다), 나중에 이 액체가 얼어붙으면 남아 있는 기체를 대부분 방출한다. 결론적으로 말해서, 얼어붙은 마그마의 바다에 마지막으로 남은 용해 물질은 물과 이산화탄소를 끝까지 품고 있다가 최후의 순간에 빠른 속도로 방출했다. 물론 지질학적 시간규모에서 볼 때 빠르다는 뜻이다.

원시 지구에 존재했던 물과 이산화탄소의 대부분은 마그마 바다가 굳으면서 방출된 것이지만, 그후에도 맨틀로부터 물과 기체가 꾸준히 공급되었다. 그러므로 마그마의 바다가 실제로 존재하지 않았다 해도 원시 대기는 형성되었을 것이다. 앞에서도 말했지만 고체 맨틀의 대류는 아주 느리게 진행된다. 뜨거운 바위가 압력이 낮은 표면으로 올라오면 쉽게 녹고(그래봐야 녹는 양은 수십% 정도이다) 녹은 바위는 대부분 대양지각이 되었다. 위에서 말한 대로 용해 물질에는 수증기나 이산화탄소와 같은 기체가 쉽게 녹아들 수 있으므로, 맨틀이 녹으면 바위에 들어 있던 물과 이산화탄소가 함께 녹아들어서 휘발성 물질을 다량 함유하게 된다. 이것이 지구의 표면으로 떠오르면 압력이 낮아지면서 기체를 분출하기 시작하는데(상기하자, 콜라 병!), 그 결과로 나타난 것이 바로 물과 이산화탄소를 고속으로 분출하는 화산이다.

지금까지 언급한 내용을 요약하면 다음과 같다. 고체 맨틀의 일부가 녹아서 물과 이산화탄소를 흡수한 후 지표면으로 배달하면 화산을 통해 분출된다(화산은 지면에도 있고 깊은 바다 속에도 있다). 그러므로 대기와 바다가 지구 내부에 존재했다는 가설도 나름대로 타당성을 갖고 있다.

내생기원설과 외생기원설(후기 버니어 가설), 둘 중 어느 쪽이 진실일까? 자연과학에서는 "이것 아니면 저것"으로 똑 부러지는 답이 제시되는 경우가 별로 없다.* 지표면의 물과 이산화탄소 중에는 내부에서 온 것도 있고, 혜성을 타고 배달된 것도 있을 것이다. 그러므로 어느 쪽이 맞는지 따지기보다는 "어느 쪽의 기여분이 더 많은가?"를 묻는 것이 더 바람직하다. 후기 버니어 가설이 안고 있는 문제 중 하나는 혜성의 화학적 성분이 지구의 바다와 같지 않다는 점이다(혜성의 성분은 혜성에서 반사된 빛의 스펙트럼을 분석하거나 탐사선을 직접 보내서 알아낼 수 있다). 특히 정상적인 수소에 대한 중수소deuterium**의 비율은 대체로 지구의 바다보다 혜성이 크다. 그러나 혜성들 사이의 개인차가 크고 개중에는 이 비율이 지구보다 낮은 혜성도 있기 때문에, 후기 버니어 가설

---

* 지구과학에서는 그럴 수도 있지만, 물리학은 결코 그렇지 않다!
** 수소 원자의 무거운 버전. 원자핵이 양성자 1개와 중성자 1개로 이루어져 있다.

을 폐기할 만한 이유가 되지는 않는다. 사실 혜성과 지구는 질소의 동위원소 함유량도 많이 다르다. 소행성 벨트에서 날아온 운석의 화학성분(콘드라이트 등)과 동위원소 함유량은 지구와 대충 비슷하지만, 지구에 물과 이산화탄소를 실어 나른 배달부는 소행성이 아니라 주로 혜성이었다. 이런 점들을 고려할 때 대기와 바다의 대부분은 지구가 처음 생성될 무렵부터 구성 성분에 이미 내재되어 있었다고 보는 것이 타당하다. 게다가 지구는 40억 년 전에 후기 운석 대충돌을 겪으면서 대부분의 대기를 잃었는데, 호주에서 발견된 지르콘 분석 결과에 의하면 전부터 지구는 적대적인 환경에도 불구하고 액체 상태의 바다가 존재했다.

지금까지 확보된 증거에 의하면 지구의 대기는 내부의 바위에 숨어 있다가 마그마 바다가 응고되면서, 또는 화산활동을 통해 밖으로 분출된 것으로 추정된다. 그렇다면 최초의 대기는 지금과 완전 딴판이었을 것이다. 특히 화산을 통해 분출되었다면 대기의 주성분은 이산화탄소와 수증기였을 것이다.

이산화탄소와 수증기는 강력한 온실가스이다. 즉, 이들은 태양의 가시광선을 통과시켜서 지면을 뜨겁게 달구고, 지면에서 방출된 적외선 복사열을 다시 흡수하여 대기의 온도를 높인다.

간단히 말해서 지구를 거대한 담요로 덮어놓은 형국이다. 당시 지구의 표면 온도는 200~300°C였는데, 요즘 평균 온도인 15°C와 비교하면 턱없이 높은 수준이다. 구성 성분과 크기가 지구와 비슷한 금성은 대기의 성분도 지구와 비슷했지만 태양과의 거리가 너무 가까워서 온실효과가 훨씬 두드러지게 나타났다. 현재 금성의 표면 온도는 거의 500°C에 달한다. 과거에 지구와 금성의 대기는 이산화탄소와 수증기의 양이 비슷했지만, 금성은 지금도 대부분의 이산화탄소를 그대로 보유하고 있어서 대기압이 지구보다 90배가량 높다(지구에서 이런 압력을 느끼려면 해수면 아래로 1km쯤 내려가야 한다. 물론 맨몸으로 가는 것은 자살행위다). 대기가 처음 생성되었을 무렵에는 지구의 대기압도 지금보다 60배쯤 높았다. 그러나 오늘날 지구와 금성은 완전히 다른 세상이다.

현재 금성에는 물과 대기가 거의 없고 남은 대기도 대부분이 이산화탄소이다. 오랜 세월 동안 극심한 온실효과에 시달린 나머지 밤이 되면 바위가 빛을 발할 정도로 뜨겁다. 반면에 지구는 대기가 얇고 이산화탄소 함유량이 크게 떨어졌으며, 액체 상태의 물이 존재할 수 있을 정도로 온도가 내려가서 생명 활동의 밑거름이 되었다. 시작은 비슷했는데 왜 이토록 다른 세상이 된 것일까?

앞서 말한 대로, 원래 지구와 금성의 대기는 이산화탄소와 수증기로 가득 차 있었고 표면 온도와 압력은 상상을 초월할 정도로 높았다. 다행히도 지구는 태양과의 거리가 금성보다 멀었고 기압은 지금보다 훨씬 높았기 때문에 물이 액체 상태로 존재할 수 있었다. 대기의 압력이 1기압(1atm)일 때 물은 100°C에서 끓지만, 기압이 높으면 더 높은 온도에서 끓는다(부엌에서 쓰는 압력솥은 이 원리를 이용한 것이다). 지구의 대기압이 60기압이었던 시절, 물은 200~300°C에서도 액체 상태로 존재했고(정확한 비등점은 270°C이다) 대기중 이산화탄소가 물과 바위에 스며들면서 기온이 서서히 내려갔다(온실효과가 완화되었기 때문이다. 이 내용은 다음 장에서 자세히 다룰 예정이다). 기온이 내려가니 물의 양도 자연히 많아지고, 물이 많아지면 이산화탄소가 더 많이 녹아서 기온은 더 내려가고…… 마치 피드백 회로처럼 이 과정이 반복되면서 지각판의 운동이 활발해졌고(4장 참조), 대기 중 이산화탄소 함유량은 꾸준히 감소하여 아주 소량을 제외하고는 대부분 바위 속으로 흡수되었다.

반면에 금성은 태양빛이 너무 뜨거워서 지표면에 액체 상태의 바다가 존재할 수 없었고 대기 중에 수분이 머물 수도 없었다. 태양의 자외선이 물 분자를 분해하여 수소는 우주공간으로 날아가 버렸으며, 반응성이 강한 산소는 지표면에 있는 광물과 결합하여 아주 소량의 물만이 대기에 남게 되었다. 물이 없는 상황에서 표면 온도까지 높았으므로 지질구조판이 떠오르지 못했고, 그 결과 다량의 이산화탄소가 대기에 남아 지독한 온실효과를 초래했다. 지구는 '액체 상태의 물'과 '지질구조판'이라는 환상의 콤비가 이산화탄소를 제거해준 덕분에 서식 가능한 행성으로 진화할 수 있었지만 물도, 지질구조판도 없었던 금성은 뜨겁고 건조한 불모의 행성이 되었다.

오늘날 지구의 대기는 처음 형성되었을 때보다 훨씬 얇아졌으며, 질소 78%에 산소 20%, 그리고 이산화탄소와 네온, 헬륨, 수증기, 아르곤 등이 조금 섞여 있다(아르곤은 다른 원소와 반응을 하지 않는 불활성기체이기 때문에 비율이 거의 변하지 않는다). 식물들은 물과 이산화탄소로 광합성을 수행하여 포도당과 같은 영양분을 만들어내고, 그 부산물로 산소를 방출하여 대기 중 산소 농도를 높여 놓았다(광합성은 7장에서 자세히 다룰 예정이다). 대기의 가장 많은 부분을 차지하는 질소는 화산활동의 산물로 추정된다. 맨틀에 섞여 있는 질소는 물이나 이산화탄소보다 적지만 응고점 아래에서 다른 원소와 반응을 잘 안 하기 때문에, 한 번 대기에 유입되면 성분비가 거의 변하지 않는다. 과거에 질소는 대기의 극히 일부에 불과했으나, 이산화탄소가 바위에 흡수되면서 주성분으로 부상했다(그러나 대기에 섞여 있는 질소의 총량은 예나 지금이나 크게 달라지지 않았다).

화성도 크기는 지구와 비슷하지만 대기 성분에는 커다란 차이가 있다. 현재 화성의 대기는 대부분이 이산화탄소이며, 대기압은 지구의 1%밖에 안 된다. 우주복을 입지 않은 채 화성 표면에 서 있으면 진공 중에 노출된 것이나 마찬가지다(화성의 평균 표면 온도는 -60°C이다). 화성의 극지방을 덮고 있는 극관極冠, polar cap은 물과 이산화탄소가 얼어붙은 것으로, 그 아래 영구동토층에는 다량의 얼음이 묻혀 있을 것으로 추정된다. 적도 지방은 얼음이 불안정해질 정도로 따뜻하지만 대기가 너무 얇아서 얼음이 녹지 않고 곧바로 승화된다. 즉 화성의 대기에는 약간의 수증기가 섞여 있어서 고위도 지방에 눈이 내릴 수도 있다는 뜻이다. 그러나 지난 수십 년 동안 발사된 화성 탐사선들이 강물에 의한 침식 지형과 협곡의 흔적을 곳곳에서 발견한 것을 보면(사실 주 목적은 생명체를 찾는 것이었다), 과거 한때 화성에는 액체 상태의 물이 존재했던 것으로 추정된다. 그래서 행성학자들은 과거 화성에 두꺼운 대기가 존재했고, 물이 액체 상태로 존재할 만큼 따뜻했다고 믿고 있다.

또한 화성의 깊은 지하에는 물과 함께 지질구조판이 존재했을 가능성도 있다. 그렇다면 화성에서도 지구와 비슷한 물-탄소-지질구조판 순환이 이루어졌을 것이다. 하지만 이것은 화성이 지구와 비슷하기를 바라는 일부 학자들의 가설일 뿐, 확실한 증거는 없다. 어쨌거나 화성은 두꺼웠던 대기를 잃고 지금은 극히 일부만 남아 있다.

화성의 두꺼웠던 대기가 대부분 사라진 이유 중 하나는 과거에 기온이 따뜻했기 때문이다. 기체의 온도란 기체 분자가 움직이는 속도의 평균값이므로, 온도가 높으면 기체 분자의 속도가 빨라져서 화성의 중력을 쉽게 탈출할 수 있다. 또 하나의 원인은 태양풍이다. 태양풍이 불면 전기전하를 띤 고에너지 입자('이온ion'이라고 한다)가 날아와 대기의 상층부를 날려버린다. 다행히도 지구 주변에는 자기장이 깔려 있어서 하전 입자로부터 지구의 대기(그리고 우리)를 보호하고 있다. 금성은 자기장이 없기 때문에 지금도 대기가 사라지고 있는데, 대기층이 워낙 두껍고 중력이 기체 분자를 붙잡아둘 정도로 충분히 강하여 손실률은 매우 작은 편이다. 화성에는 과거 한때 강력한 자기장이 깔려 있었지만(탐사 위성이 전송해온 정보에 의하면 과거에 화성에는 지질구조판이 존재했으며, 4장에서 언급한 지구의 해저 대륙 확장 중심부처럼 지각에 자기띠의 흔적이 남아 있다), 무슨 이유에선지 지금은 존재하지 않기 때문에 태양풍이 불 때마다 대기의 상당 부분을 잃어버렸다. 사실 화성은 생성 초기의 열에너지를 간직하기에는 덩치가 너무 작다. 지구처럼 맨틀의 대류가 일어나 지질구조판이 위로 떠오르고 자기장이 형성되려면 어느 정도 덩치가 커야 하는데, 화성은 기본적으로 체중미달이다.

행성에 대기와 바다가 존재한다고 해서 반드시 생명체가 태어난다는 보장은 없다. 지구의 경우는 대기와 바다의 구성 성분이 적절했고 때맞춰 적절하게 이동했기 때문에 생명체가 번성할 수 있었다(물론 따뜻한 기후도 한몫했다. 자세한 내용은 다음 장에서 언급할 것이다).

흔히 말하는 '날씨'란 대기의 가장 낮은 층인 대류권troposphere에서 일어나는 현상이다. 대류권의 고도는 지표면에서 약 10km까지이며(적도에서는 두껍고 극지방으로 갈수록 얇아진다), 바로 이 영역에서 빠르고 변화무쌍한 열역학적 대류가 일어나고 있다. 태양열이 지표면 근처의 공기를 데우면 위로 상승하면서 차가워지고, 이 공기는 다시 지면 쪽으로 내려간다(물론 대기는 수평 방향으로도 움직이기 때문에 처음 상승했던 그 지점으로 돌아가는 경우는 거의 없다). 그러므로 대류권의 아랫부분은 따뜻하고 윗부분은 차갑다. 이제 곧 알게 되겠지만 모든 바람과 날씨는 기본적으로 대류권의 대류현상을 통해 설명될 수 있다.

대류권 위의 공기층을 성층권stratosphere이라 한다. 대류권과 달리 성층권에서는 위로 올라갈수록 온도가 높아진다. 성층권의 꼭대기에 있는 공기는 따뜻하면서 안정하기 때문에(즉 아래로 내려오지 않기 때문에) 스프레이로 뿌린 연무제aerosol*나 화산 먼지가 이 영역에 도달하면 다른 곳으로 이동하지 않고 갇히게 된다(대류가 없는 대기층에서는 난기류가 발생하지 않는다. 그래서 상업용 항공기의 비행 고도는 주로 성층권 하단부로 설정되어 있다). 성층권의 온도가 높은 이유는 세 개의 산소 원자로 이루어진 오존O_3 때문이다. 오존은 생성되거나 분해될 때 특정 파장의 자외선을 흡수하기 때문에, 태양에서 날아온 자외선의 상당 부분은 성층권에 있는 오존층에서 걸러진다. 만일 오존층이 없다면 지구의 생명체들은 자외선에 그대로 노출되어 심각한 피해를 입을 것이다. 오존의 기원은 산소이므로, 동물은 식물에게 이중으로(산소와 오존) 신세를 지고 있는 셈이다. 1970년대에 과학자들은 북극 성층권

* 기체 속에 고체나 액체가 섞여 있는 상태.

의 오존층이 파괴될 수도 있음을 경고했고, 이것이 1985년에 일련의 관측을 통해 사실로 드러나면서 대기오염이 심각한 문제로 떠오르게 되었다.

성층권은 고도 50km까지 계속되고, 성층권 위로 고도 100km까지를 중간권mesosphere이라 한다. 중간권에서는 열복사가 훨씬 효율적으로 일어나기 때문에 성층권보다 온도가 낮다. 중간권 위로는 온도가 훨씬 높으면서 밀도가 희박한 열권thermosphere(고도 600km 이하)이 있고, 열권 위로 1만km까지를 외기권exosphere이라 한다. 외기권 밖으로 나가야 비로소 우주(행성 간 공간)라 할 수 있다. 중간권의 상부과 열권, 그리고 외기권의 하부는 고에너지 이온이 집중되어 있기 때문에 이 부분을 합쳐서 전리층電離層, ionosphere이라 부르기도 한다. 방송국에서 송출되는 라디오파는 주로 전리층에서 반사되어 수신자에게 도달한다.

다시 대류권으로 돌아가보자. 이곳에서 일어나는 대류는 태양이 직접 내리쬐는 적도에서 가장 격렬하고 극지방에 가까워질수록 약해진다. 지구가 자전을 하지 않는다면 적도 표면에서 데워진 공기는 대류권의 상층부로 올라간 후 극지방으로 이동하여 온도가 차가워지면서 아래로 가라앉았다가 지면을 타고 다시 적도로 돌아올 것이다. 그러나 지구는 시속 1,700km라는 고속도로 자전하고 있으므로(적도의 둘레는 약 40,000km이고 한 바퀴 도는데 24시간이 소요되므로 시속으로 환산하면 40,000km/24h = 1,700km/h이다), 적도 표면 근처의 공기는 이와 비슷한 속도로 동쪽을 향해 이동하고 있다. 북극과 남극의 지면에 가까운 공기는 이동 속도가 훨씬 느리다. 고위도 지방으로 갈수록 회전 반경이 짧아지기 때문이다. 북극점(또는 남극점)에서는 공기가 이동하지 않고 제자리에서 서서히 회전하고 있다. 그러므로 적도에서 위로 올라가는 공기는 상승과 함께 동쪽으로 빠르게 이동하고 있으며, 추운 극지방에 가까워질수록 지면에 대한 속도가 점점 더 빨라진다. 또한 위로 올라간 공기는 동쪽으로 편향되어 진행 방향이 점점 동쪽을 향해 기울어지다가 결국에는 위도와 나란한 방향(정동향)으로 진행하게 된다. 그후 이 공기는 열을 잃고 북위, 또는 남위 30°인 지점(미국의 플로리다, 또는 호주의 퍼스쯤 된다)에서 아래로 가라앉아 남북 방향으로 퍼져 나가고, 그중 적도(북반구에서는 남쪽, 남반구에서는 북쪽)를 향해 이동하는 공기는 서쪽으로 편향된다. 땅을 포함한 지구 전체가 동쪽을 향하여 자전하고 있기 때문이다. 이것은 열대지방에 부는 대표적 바람으로, 과거에 상업용 범선들이 이 바람을 타고 이동했다 하여 '무역풍trade wind'이라 한다. 적도에서 상승한 공기가 남-북위 30° 지점까지 이동했다가 열을 잃고 가라앉은 후 다시 적도를 향해 되돌아오는 순환 과정을 해들리Hadley 순환이라 한다. 이와는 반대로 남-북위 30° 지점에서 지면으로 내려앉은 차가운 공기가 동쪽으로 편향되면서 고위도 지방을 향해 이동하는 현상을 편서풍mid-latitude westerly이라 한다. 미국과 유럽에 부는 바람은 대부분 편서풍이다(서풍westerly이란 '서쪽으로 부는 바람이 아니라 서쪽에서 불어오는 바람'이라는 뜻이다. 즉, 서풍은 서쪽으로 부는 바람이 아니라, 서쪽에서 동쪽으로 부는 바람이다).

마지막으로, 지면을 타고 적도를 향해 퍼져 나가는 극지방의 차가운 공기는 서쪽으로 편향되어 극동풍polar easterly을 일으킨다.* 이 바람은 남-북위 60° 이상인 고위도 지방에서 두드러지게 나타나며(알래스카, 남극대륙 등), 무역풍이나 편서풍과 달리 풍속이 느리고 불규칙하다. 이처럼 지구의 남반구와 북반구에는 각기 다른 방향으로 순환하는 세 종류의 대류환對流環, convection cell

* 무역풍과 극동풍이 서쪽으로 편향되고 편서풍이 동쪽으로 편향되는 이유는 지구의 자전에 의한 코리올리힘Coriolis force(전향력) 때문이다. 북반구에서 움직이는 물체는 이동 방향의 오른쪽으로, 남반구에서 움직이는 물체는 진행 방향의 왼쪽으로 코리올리힘을 받는다. 그러나 이 힘은 실제로 존재하는 힘이 아니라 가속운동을 하는 비관성 좌표계에서 편의상 도입한 가상의 힘이다.

이 존재하여, 뜨거운 공기를 적도에서 극지방으로, 차가운 공기를 극지방에서 적도 쪽으로 옮기고 있다. 무역풍과 편서풍 등의 '바람'은 순환 과정 중 지면을 통과하는 부분에 해당한다(대류순환의 중간과 꼭대기에서 부는 바람은 '제트기류jet stream'라 한다). 이 바람들은 지구 전역의 날씨를 좌우하고 있으며, 원시인류가 대륙을 건너 신천지로 진출할 때도 중요한 역할을 했다.

무역풍은 열대지방의 바다를 서쪽으로 밀어서 남북으로 다양한 해류를 일으킨다. 예를 들어 멕시코만류Gulf Stream는 따뜻한 바닷물을 북대서양으로 옮겨서 뉴잉글랜드New England*와 서부 유럽에 따뜻한 기후를 만들어내고 있다. 멕시코만류의 따뜻한 물이 북대서양에 도달하면 차가운 물로 변하고, 여기에 강한 서풍을 맞아 증발하면서 염도가 높아진다. 바닷물의 온도가 낮으면서 염도가 높으면 비중이 커지기 때문에, 북대서양에서 해수면 여행을 마친 멕시코만류는 아래로 가라앉으면서 소위 말하는 '열염분대류thermohaline convection'를 일으킨다. 이런 식으로 바람과 열염분대류에 의해 일어나는 해류는 전 세계의 바닷물을

---

* 미국의 메인, 뉴햄프셔, 버몬트, 매사추세츠, 코네티컷, 로드아일랜드 6개 주의 통칭.

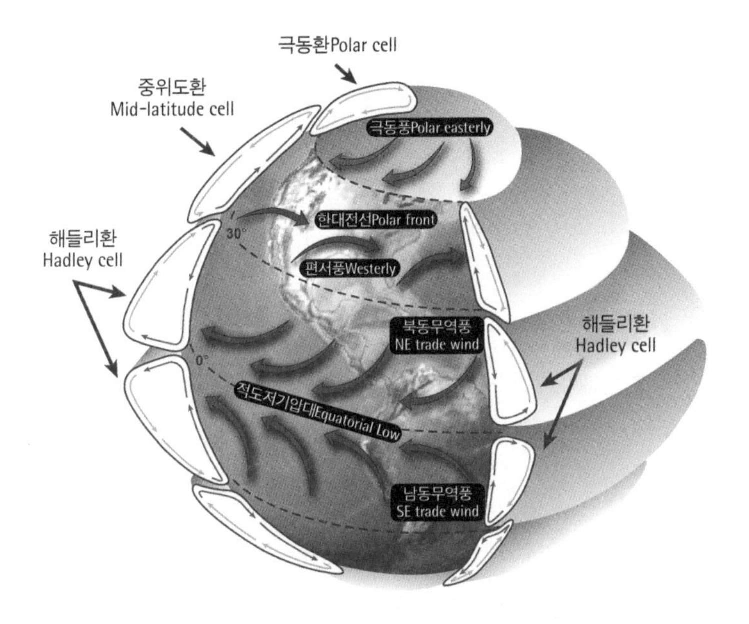

대기의 대류는 열대지방의 뜨거운 공기를 극지방으로 옮겨서 차갑게 식히고, 차가워진 공기를 다시 열대지방 쪽으로 되돌려놓는다. 그러나 지구는 자전하고 있기 때문에 대류는 동일한 위치에 머물지 않고 남반구와 북반구에서 각기 다른 방향으로 순환하는 세 종류의 대류환으로 존재한다. 지면(또는 해수면) 근처에서 부는 바람은 지구의 자전 때문에 동쪽 또는 서쪽으로 편향되며(남반구에서는 진행 방향의 오른쪽으로, 북반구에서는 진행 방향의 왼쪽으로 편향된다), 각 바람은 지구의 기후에 중요한 영향을 미치고 있다.[그림 출처: Barbara Schoeberl, Animated Earth LLC]

뒤엎고 섞으면서 수백 년에 걸친 순환을 반복하고 있다. 바닷물 때문에 기온이 변하고 온실효과가 집중되는 데 걸리는 시간은 이 거대한 순환의 의해 좌우된다(자세한 내용은 다음 장에서 다룰 것이다).

물이 대기를 통해 지구 전역으로 이동하는 과정도 대류환에 의해 결정된다. 적도 근방에서 강한 태양열에 다량의 바닷물이 증발하여 위로 상승하면 지면과 평행하게 남북으로 퍼졌다가 다시 응결되어 구름과 비로 변한다(그래서 열대지방은 항상 습기 차고 강우량도 많다). 이 공기가 위도 30° 근처에 도달할 때쯤이면 대부분의 수분을 잃고, 지면으로 내려오면 건조한 바람이 되어 땅위의 모든 것을 말려버린다. 미국과 멕시코의 국경에 걸쳐 있는 소노라사막과 아프리카 북부의 사하라사막, 호주의 내륙, 그리고 지중해 환경은 건조한 바람에 의해 형성된 불모지이다. 이 지역의 독특한 기후와 습도는 농업의 발달과 인류의 역사에 적지 않은 영향을 미쳤다.

대기의 순환을 일으키는 주 요인은 지구의 자전이다. 앞서 말한 대로 지구는 다른 행성에 비해 자전 속도가 매우 빠른 편이다. 금성은 태양계에서 유일하게 자전 방향이 지구와 반대인 행성이며 자전 속도가 엄청나게 느려서 한 바퀴 도는 데 무려 243일(1일=지구의 하루)이나 걸린다. 금성의 공전주기가 약 225일이니, 금성에서는 1년보다 하루가 더 긴 셈이다. 금성의 운동이 이토록 유별난 이유는 아직도 미스터리로 남아 있다. 어쨌거나 금성은 자전속도가 엄청나게 느림에도 불구하고, 적도 근처의 대기 상층부에서 자전 방향의 반대 방향으로 매우 강한 바람이 불고 있다(지구의 경우, 해들리환 상층부 대기는 자전 방향의 반대 방향으로 이동한다). 화성은 자전주기가 지구와 거의 같으면서(그냥 우연의 일치일 것으로 추정된다) 이산화탄소가 주성분인 희박한 대기를 갖고 있지만 해들리환과 비슷하게 뜨거운 공기와 수증기를 적도에서 극지방으로 옮기는 바람이 불고 있다. 또한 이 순환은 강한 바람을 일으켜 가끔씩(평균 한 달에 한 번) 화성 전체가 먼지에 휩싸이곤 한다.

목성과 토성은 태양계가 형성되기 전에 존재했던 성운의 구성 성분이 그대로 유지되고 있다. 사실 이 성분들은 빅뱅이 일어난 직후부터 지금까지 거의 변하지 않았다. 목성과 토성의 주성분은 수소이며, 나머지는 약간의 헬륨과 거성의 내부에서 만들어진 극소량의 무거운 원소들이 채우고 있다. 두 행성은 큰 덩치에도 불구하고 자전속도가 지구보다 두 배 이상 빠르다(목성의 하루는 약 9.8시간, 토성의 하루는 약 10.2시간이다).* 그러나 이들은 태양과의 거리가 멀기 때문에 표면에 도달하는 태양에너지가 지구보다 훨씬 적다(목성에 도달하는 태양에너지는 지구의 1/25이고, 토성은 1/100밖에 안 된다). 목성과 토성은 여러 개의 제트기류와 구름 띠를 갖고 있는데, 이는 곧 해들리환과 비슷한 대류환이 여러 개 존재한다는 뜻이다. 그러나 대류를 일으키는 에너지의 대부분은 행성에서 자체적으로 방출된 열에너지일 것으로 추정된다. 목성과 토성의 바람은 주로 위도와 나란한 방향으로 부는 대상풍帶狀風, zonal wind인데, 토성에서는 풍속이 시속 1,600km를 넘을 정도로 살인적이다(지구에서 관측된 최대 규모의 토네이도는 시속 500km였다). 또한 두 행성에서는 지구와 비슷한 사이클론cyclone(열대성 저기압)이 훨씬 큰 규모로 발생하고 있는데, 토성은 북극에서 거대한 사이클론이 맹위를 떨치고 있고 목성의 대적점大赤點, Great Red Spot은 지구보다 큰 규모로 100년이 넘도록 계속되고 있는 초대형 사이클론이다.

지구의 대기는 태양계의 모든 행성 중에서 가장 뜨겁거나 차갑지 않고 이동 속도가 가장 빠르지도 느리지도 않지만, 매우 독특한 역사를 갖고 있다. 다른 행성들은 대기의 구성 성분이 40억 년 전이나 지금이나 거의 변하지 않은 반면, 지구의 대기는 지질

---

* 여기서 말하는 '자전속도'란 단위 시간당 돌아간 각도, 즉 '각속도'를 의미한다.

구조판의 부상과 바다의 형성, 그리고 생명 활동을 거치면서 완전히 달라졌다. 우리가 아는 행성 중에서 지구만큼 파란만장한 대기의 변천사를 겪은 행성은 존재하지 않는다.

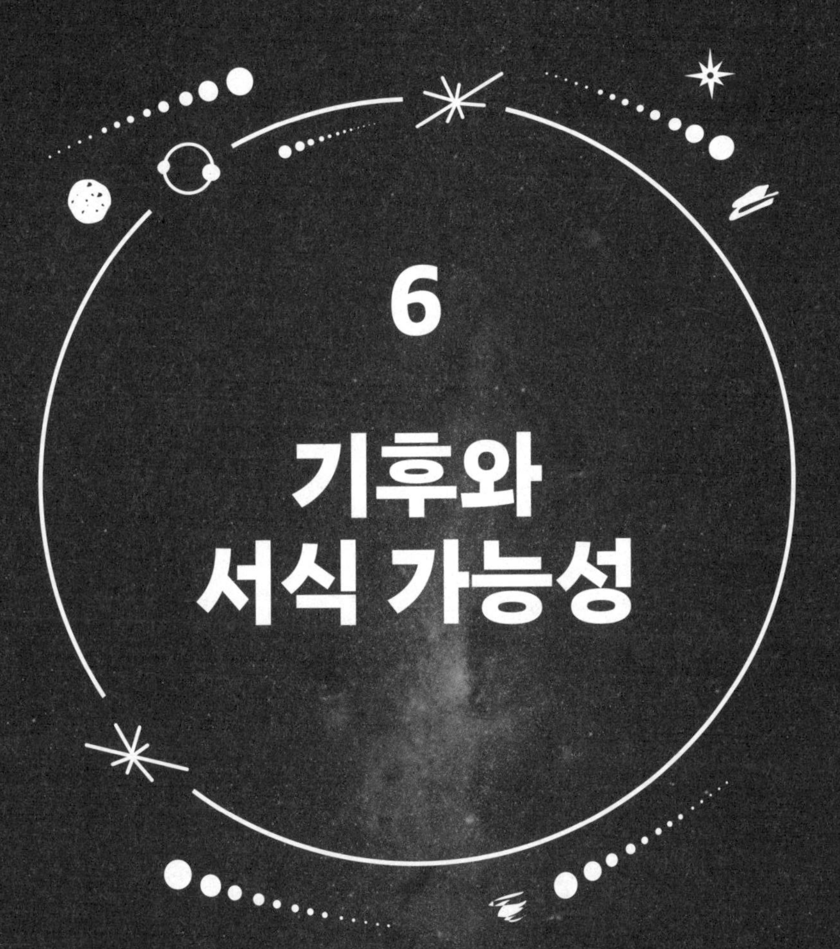

6

기후와 서식 가능성

태양계의 여타 행성과 달리 지구는 액체 상태의 물이 존재할 정도로 기후가 적절했기 때문에 생명체가 탄생할 수 있었다. 최초의 생명체는 인간보다 수십억 년 먼저 등장한 미생물이었는데, 이들은 지금도 100°C가 넘는 고온 지대나 산도酸度가 매우 높은 화산 연못 속에서 태연하게 살아가고 있다. 그러므로 '서식 가능성'이라는 용어는 가능한 한 넓은 의미에서 정의되어야 한다. 예를 들어 다른 행성에서 살아 있는 생명체나 과거에 살았던 생명체의 흔적을 찾고 싶다면 서식 환경이 지구의 가장 극단적인 환경과 비슷한 행성까지 뒤질 필요가 있다. 생명체에게 가장 필수적인 요소는 물이므로 지구 이외에 서식 가능한 행성 후보 1순위는 화성이며, 얼음으로 덮여 있는 유로파

Europa(목성의 위성)와 엔셀라두스Enceladus(토성의 위성)도 강력한 후보이다. 우리의 지구는 물이 풍부했을 뿐만 아니라 기후까지 안정적이고 온화했기 때문에, 처음 등장했던 단세포생물은 긴 세월 동안 우여곡절을 겪으면서 복잡한 다세포생물로 진화할 수 있었다.

과학자들은 생명체에게 필요한 서식 환경을 논할 때 "지속적 서식 가능 영역continuously habitable zone"이라는 고전적 개념을 제일 먼저 떠올린다. 임의의 행성이 모항성과 적절한 거리만큼 떨어져 있어서 액체 상태의 물이 존재할 때, 그 행성은 지속적 서식 가능 영역에 있다. 간단히 줄여서 "골디락스 영역Goldilocks zone"이라고도 한다.* 행성이 태양에서 너무 멀리 떨어져 있으면 물이 얼어붙고(화성), 너무 가까우면 증발해버린다(금성). 즉 행성에 물이 존재하려면 골디락스 영역에 놓여 있어야 한다. 천문학자들은 이 조건에 입각하여 외계 행성의 서식 가능성을 판단하

---

* 골디락스는 어린이 동화 〈골디락스와 세 마리 곰〉에 등장하는 여자아이의 이름에서 따온 용어이다. 이 아이는 곰 가족이 외출한 사이 빈 집에 들어가 가장 적절하게 식은 수프를 먹고, 적절한 크기의 의자에 앉고, 적절한 크기의 침대에 누워 잠이 들었다. 그래서 골디락스는 '가장 적절한 조건'을 의미한다.

고 있다. 물론 물이 있다고 해서 반드시 생명체가 존재한다는 보장은 없지만, 지금의 관측 장비로 가장 쉽게 알아낼 수 있는 것이 '모항성과의 거리'이기 때문에 선택의 여지가 별로 없다(가끔은 행성의 질량이나 크기까지 알아내는 경우도 있다).

외계 행성에 지적 생명체가 존재하려면 일단 그 행성이 골디락스 영역에 있어야 한다. 여기서 '지적'이란 라디오파 같은 전파를 이용하여 자신의 존재를 바깥 세상에 알릴 정도로 지능이 높다는 뜻이다. 외계 생명체들이 우리가 송출한 전파를 어떻게 해석할지는 알 수 없지만, 알파센타우리Alpha Centauri*에서 그들만의 방식으로 제작된 '스타트렉Star Trek'이나 '보난자Bonanza'(내가 제일 좋아하는 TV 드라마였다!)가 전파를 타고 지구에 도달한다면, 그곳에 지적 생명체가 존재한다고 단정 지어도 큰 무리는 없을 것이다. 미국의 천문학자 프랭크 드레이크Frank Drake는 이와 같은 신호가 발견될 확률을 산출하는 드레이크 방정식을 제안했는데, 생명체의 존재 여부를 좌우하는 다양한 확률 요인들을 일렬로 곱해놓은 형태이다(몇 가지 요인을 소개하자면 별이 행성을 거느릴 확률×적어도 하나의 행성이 골디락스 영역에 존재할 확률×지적 생명

---

* 태양계에서 가장 가까운 별.

체가 전파를 송출해온 시간…… 과 같은 식이다). 임의의 태양계에서 지적인 생명체가, 다른 때도 아니고 하필이면 지금 구체적인 정보가 담긴 전파를 송출할 확률은 엄청나게 작다. 그러나 우리 은하에서 긴 세월 동안(별의 수명은 보통 수십억 년 단위이다) 생명체를 거느려왔을 가능성이 있는 후보 별은 수십억 개에 달한다. 일반적으로 수학적 기댓값은 확률에 변량을 곱한 값이므로, 지적 생명체가 존재할 확률에 후보군의 개수를 곱하면 수백만 개라는 놀라운 답이 얻어진다(조건을 아무리 까다롭게 잡아도 최소한 수천 개는 된다). 그렇다면 우리는 TV를 통해 외계인이 만든 드라마를 이미 보았어야 하는데, 아직 그런 사례는 보고된 적이 없다. 이 시점에서 이탈리아의 물리학자 엔리코 페르미Enrico Fermi의 질문이 떠오른다. "대체 그들은 다 어디로 갔는가?" 생명체가 존재할 확률이 우리의 짐작보다 훨씬 작은 것일까? 아니면 외계인들은 무선방송에 알레르기가 있어서 케이블 TV만 보는 것일까?

고도의 과학 기술을 가진 생명체가 존재할 조건은 천문학적 위치나 궤도 반지름보다 훨씬 복잡할 수도 있다. 다시 말해서, 지구의 기온이 온화한 상태로 유지되려면 햇빛 외에 다른 요소가 필요할 수도 있다는 이야기다. 우리는 별 다른 의심 없이 지구가 태양계의 서식 가능 영역에 놓여 있다고 가정하고 있지만,

대기 중에 수증기와 이산화탄소가 없었다면 온실효과가 일어나지 않아서 표면 전체가 눈과 얼음으로 덮였을 테고(실제로 한동안 이런 적이 있었다), 지구는 생명체를 키울 만큼 충분한 양의 태양에너지를 얻지 못했을 것이다. 이런 경우에는 생명에 필요한 에너지를 외부에서 얻지 않고 자체 조달할 수도 있는데, 그렇다면 화산활동이 매우 격렬하게 일어나야 한다. 이뿐만이 아니다. 대기에 섞여 있던 이산화탄소가 지각에 흡수되지 않고 그대로 남아 있었다면, 지구는 금성처럼 찜통이 되어 생명체가 탄생하지 못했을 것이다. 극단적으로 뜨겁거나 차가운 곳에서 미생물이 살고 있는 것은 분명한 사실이지만, 지구 외의 다른 곳에서 이보다 혹독한 환경에 접했다면 살아남지 못했을 수도 있다. 이 모든 경우를 따져볼 때, 태양과의 거리가 전부는 아닌 것 같다. 그렇다면 또 어떤 조건이 충족되어야 하는가? 이것도 천문학계의 백만 불짜리(또는 십억 불짜리) 질문으로 남아 있다.

미국의 지질학자 피터 워드Peter Ward와 천문학자 도널드 브라운리Donald Brownlee는 페르미의 질문에 대한 답으로 '희귀 지구 가설Rare Earth hypothesis'을 제안했다. 이 가설의 골자는 지구 환경이 비슷한 사례를 찾아볼 수 없을 정도로 아주 희귀했기 때문에 원시 생명체가 동물과 인간으로 진화할 수 있었다는 것이다. 외계에 행성이 아무리 많다 해도 지구와 같은 서식 조건을 갖춘 행성은 극히 드문 데다, 그곳에서 송출된 전파가 하필이면 지금 지구에 도달할 확률은 거의 0에 가깝다.* 따라서 페르미의 질문에 대한 답은 다음과 같다. "우리의 은하는 홍콩이나 파리보다 고비사막에 가깝다."

희귀 지구 가설에 의하면 지구는 은하수의 적절한 위치에 자리 잡은 덕분에 생명체 탄생에 적절한 환경을 확보할 수 있었다. 만일 우리의 태양계가 은하수의 중심에 가까웠다면 초대형 블랙홀이 내뿜는 가공할 복사에너지에 초토화되었을 것이다. 또한 지구는 탄생 시기도 적절했고(생명에 필요한 원소들이 모두 만들어진 후에 탄생했다), 물이 고체, 액체, 기체 상태로 모두 존재할 수 있을 정도로 태양과의 거리도 적당했다. 천문학적 조건 외에도 지구는 지질구조판을 갖고 있어서 안정된 기후를 확보할 수 있었으며, 달의 조력潮力, tidal force에 의한 조수현상 덕분에 수상생물이 육지생물로 진화할 수 있었다. 조간대潮間帶, tidal zone에 사는

* 지구의 46억 년 역사에서 전파를 수신할 수 있게 된 기간은 달랑 100여 년에 불과하다. 외계의 TV 전파가 1억 년…… 아니, 200년 전까지 송출되다가 중단되었다면, 그들의 존재를 확인할 방법이 없다.

생물들은 물이 찼을 때 물속에서 살다가 물이 빠지면 육지 생활을 하면서 육상생물의 첨병 역할을 했다. 뿐만 아니라 지구는 자전축이 공전 면에 대하여 적당한 각도로 기울어져 있어서 계절이 주기적으로 변했고, 그 덕분에 다양한 생명체가 출현할 수 있었다. 물론 좋은 일만 있었던 것은 아니다. 소행성이 떨어지거나 대형 화산이 폭발하여 생명체가 대량으로 멸종한 적도 있고(페름기 말엽인 2억 5천만 년 전에 시베리아에서 다량의 용암이 분출되어 유독가스가 지구 전역에 퍼졌고, 석탄이 타면서 발생한 이산화탄소 때문에 기온이 급상승하여 생명체가 대량으로 멸종했다), 초대륙이 형성된 후에는 해안선이 급감하여 연안 생태계에 심각한 위기가 닥치기도 했다. 그러나 대량 멸종이 일어날 때마다 지구의 생태계는 새롭게 정비되어 생물학적 다양성과 진화의 밑거름이 되었다.

과연 지구는 희한한 행성일까? 지구와 비슷한 행성이 여러 개였다면 다양한 조건들의 다양한 조합이 생명체에게 어떤 영향을 미치는지 확인할 수 있겠지만, 우리가 아는 지구는 단 하나뿐이어서 위에 열거한 조건들 중 몇 개가 빠져도 괜찮은지, 아니면 하나도 빠짐 없이 모두 충족되어야 하는지 확인할 길이 없다. 지질구조판과 액체 상태의 물이 존재하고 커다란 위성을 갖고 있는 행성은 지구뿐이기에, 비교할 대상이 없는 것이다. 그러나 태양계 바깥에서 지구와 비슷한 행성이 여러 개 발견되었으므로, 부족한 데이터는 머지않아 충분히 쌓일 것이고, 망원경의 해상도가 개선되면(그래서 외계행성의 지질구조판을 볼 수 있게 되면) 생명이 출현하고 번성하는 데 필요한 필수적인 환경 조건도 구체적으로 밝혀질 것이다.

위에 나열한 여러 조건들이 독립적인지, 아니면 서로 연관되어 있는지도 분명치 않다. 예를 들어 액체 상태의 물과 지질구조판(그리고 화산과 초대륙순환 등 이와 관련된 사건들)이 서로 연관되어 있다면, 이들이 함께 등장한 것은 우연이 아닌 필연이다. 이것이 사실이라면 액체 상태의 물이 존재하는 행성에는 지질구조판도 존재하겠지만, 아직은 단언하기 어렵다. 또한 희귀 지구 가설은 "동물이 존재하려면 이러이러한 조건들이 충족되어야 한다"면서 다양한 조건을 제시하고 있는데, 비판론자들은 그것이 "지구에만 적용되는 조건일 수도 있다"며 반박하고 있다. 외계 행성은 기본적인 환경이 다르기 때문에, 생명체가 탄생하기 위한 조건이 지구와 전혀 다를 수도 있다는 이야기다. 사실 우리가 아는 것이라곤 "지구와 같은 환경에서는 지금과 같은 생명체가 탄생한다"는 사실뿐이다. 애초부터 다른 환경이 조성되었다면 상상 속의 외계인을 방불케 하는 희한한 생명체가 등장하여 지구를 지배하고 있을지도 모른다. 생명에 관한 한 우리가 알고 있는 지식은 지구에 한정되어 있으므로, 완전히 다른 환경에서 진화한 이질적 생명체에 대해서는 할 말이 별로 없다.

또 다른 서식 가능 조건이 있건 없건, 지구는 우리의 고향 행성이자 속속들이 탐사할 수 있는 유일한 행성이므로 일단은 지구에 집중해보자. 앞으로 '서식 가능성'이라는 단어가 자주 등장할 텐데, 기본적으로 서식이 가능한 곳이란 액체 상태의 물과 생명의 기본 단위(영양분)가 존재하고, 수백만 년에 한 번씩 생명체가 멸종되지 않을 정도로 기후가 안정적인 곳을 의미한다.

뭐니뭐니해도 지구의 환경에서 가장 중요한 요소는 태양 빛이다. 지구에는 매 순간 17경(1.7×10^{17})와트의 에너지가 태양으로부터 쏟아지고 있다.* 성능 좋은 전구 한 개를 밝히는 데 약 100와트의 전력이 소요되니까, 임의의 한순간에 지구의 반쪽 면으로 쏟아지는 태양에너지를 알뜰하게 사용하면 약 2천 조 개의 전구를 밝힐 수 있다($1m^2$에 쏟아지는 에너지로는 전구 13개를 밝힐 수 있

* 와트W는 에너지의 단위가 아니라 시간에 대한 에너지의 변화율, 즉 '일률'의 단위이다. 에너지와 일률의 관계는 거리와 속도의 관계와 같다.

다. 한쪽 면이 5m인 정사각형 방의 면적은 $25m^2$인데, 이 정도의 방은 전구 두 개로 충분하다). 지구에 도달하는 태양 복사에너지의 대부분은 가시광선이다. 그래서 우리 인간의 눈은 가시광선만 볼 수 있도록 진화했다. 태양 빛의 일부는 자외선이고(앞 장에서 말한 대로 자외선은 성층권에 있는 오존층에서 걸러진다. 그러나 일부는 오존층을 통과하여 지면까지 도달하기 때문에, 사람들은 해변에서 자외선 차단용 선글라스를 착용한다) 나머지는 붉은색 너머에 있는 적외선이다.

지표면에 도달한 햇빛은 표면의 특성에 따라 흡수되기도 하고 반사되기도 한다. 어두운 해수면은 다량의 빛을 흡수하고, 밝은 대륙은 빛의 일부를 반사하여 우주로 돌려보낸다. 또한 그린란드와 남극대륙을 덮고 있는 얼음은 대부분의 빛을 반사한다. 전체적으로 볼 때 지면의 평균 흡수율은 약 70%이며(반사된 30%는 달빛moonshine과 비슷한 지구광earthshine을 만든다), 어느 정도 데워진 후에는 열(또는 적외선)의 형태로 복사에너지가 방출된다. 지구에 대기가 없다면 복사에너지가 아무런 방해도 받지 않고 우주로 날아가서 표면 온도는 -20°C까지 내려갈 것이다(지역에 따라 온도 차이는 있겠지만 서식 가능 지역은 크게 좁아진다). 그러나 다행히도 대기에 섞여 있는 수증기와 이산화탄소가 지면에서 복사된 적외선을 흡수하여 열이 우주로 달아나는 것을 막아주고 있다. 지구 전체를 담요로 덮어놓은 것과 비슷한 형국이다(대기가 복사열을 흡수한다는 것은 대기를 이루고 있는 분자들이 적외선 광자를 흡수하면서 들뜬 상태로 올라간다는 뜻이다). 수증기와 이산화탄소는 대기의 주성분이 아니지만(주성분은 질소와 산소이다), 앞에서 말한 대로 온실효과를 일으켜 15°C의 평균 기온은 유지시켜준다.

결론적으로 말해서 지구의 기후는 '지면의 햇빛흡수율'과 '대기 중 온실가스함유량'이라는 두 가지 요인에 의해 좌우된다. 태양이 처음 탄생했을 무렵에는 빛의 강도가 지금의 70%에 불과했지만, 그후로 핵융합 반응을 일으키면서 꾸준히 밝아져왔다. 그러나 지구는 빙하의 양이 수시로 변하는 데다 자전축과 공전궤도도 약간의 요동을 겪고 있기 때문에, 태양 빛의 흡수율이 일정하지 않다. 게다가 태양 자체도 11년을 주기로 밝기가 변하고 있다.

온실가스도 대기에 머물러온 시간에 따라 효과가 달라진다. 수증기는 순수한 '담요 효과blanketing effect'를 일으킨다는 점에서 가장 중요한 온실가스인데, 대기 중 수증기 함유량은 거의 변하지 않는다. 대기는 바다와 접해 있고, 수증기가 포화 상태에 도달하면 더 이상 대기 중에 유입될 수 없기 때문이다. 대기가 지나치게 건조하면 물이 증발하여 습도가 높아지고, 습도가 한계점에 도달하면 비가 내린다. 그래서 공기는 지나치게 습하거나 건조하지 않은 범위 안에서 항상 포화되는 쪽으로 변하고 있다. 어느 날 화산이 폭발하여 다량의 수증기가 갑자기 대기에 유입되면 대부분은 빗방울이 되어 지면이나 해수면으로 떨어진다(대기에 수증기가 지나치게 많으면 온실효과가 심하게 나타날 것이다. 그러나 다행히도 여분의 수증기가 유입되기 전에 기존의 수증기는 빗방울로 변한다. 그렇지 않았다면 전 세계 환경단체들은 샤워를 하지 말라고 주장했을 것이다). 포화 상태의 대기는 증발과 낙하로 이어지는 물의 순환에 반드시 필요한 단계로서, 지질구조판의 전체적인 온도를 조절하는 데 중요한 역할을 한다. 금성은 대기가 워낙 뜨거워서 수증기가 항상 불포화 상태이며(대기의 온도가 높을수록 더 많은 수증기를 머금을 수 있다), 지금 상태에서 수증기가 추가로 유입된다 해도 비는 내리지 않을 것이다. 금성의 대기에 수증기가 추가되면 대기의 온도가 더 올라가서 비포화 정도가 더욱 심해지고, 그 결과로 물이 더 많이 증발하여 대기가 더욱 뜨거워지는 악순환이 되풀이되는데, 이런 현상을 '탈주온실효과runaway greenhouse effect*'라 한다.

메탄도 온실가스에 속한다. 지구에 생명체가 처음 등장했을

---

* 온실효과가 점점 더 심해지는 현상.

무렵에는 대기 중에 메탄이 꽤 많았지만 지금은 약 1%에 불과하다(그러나 서서히 증가하는 추세이다). 오늘날 대기 중에 새로 유입된 메탄은 산소(정확하게는 성층권에 돌아다니는 산소 유리기)와 반응하여 이산화탄소나 수증기와 같은 온실가스를 약화시키다가 10년쯤 지나면 모두 사라진다.

이산화탄소는 물보다 강한 온실효과를 초래하지만, 메탄만큼은 아니다. 지구 곳곳에 이산화탄소가 존재하게 된 데에는 독특한 사연이 있다. 과거 한때 대기에는 이산화탄소가 엄청나게 많았으나, 대부분이 지각에 흡수되었고 일부는 바다와 생물계 속으로 유입되었다(자세한 내용은 잠시 후에 언급할 것이다). 지각의 일부가 드러나면 숨어 있던 이산화탄소가 대기 중에 유출되는데, 이산화탄소는 물처럼 비가 되어 내리지 않고 메탄처럼 빠르게 반응하여 사라지지도 않기 때문에 한 번 유출된 후 다시 지각에 흡수될 때까지는 매우 긴 시간이 소요된다. 바다는 이산화탄소를 가장 빠르고 효율적으로 빨아들이는 흡수체이지만, 이마저도 진행 속도가 별로 빠르지 않다. 결국 대기에 유입된 이산화탄소는 수백 년 동안 끈질기게 살아남아서 기후에 막대한 영향을 미친다.

자연에는 기후변화를 촉진하거나 완화시키는 천연의 피드백

메커니즘feedback mechanism*이 존재하며, 그중 일부는 이산화탄소와 관련되어 있다. 피드백 순환이 양성이면 기후가 심하게 변하고, 음성이면 기후가 안정된다. 특히 지질구조판은 날씨와 계절, 또는 기후에 상관없이 수억 년 동안 기후를 안정시키는 음성 피드백을 일으킨다. 그래서 나 같은 지질학자들은 틈날 때마다 동료 기후학자들에게 "기후과학의 가장 중요한 요인은 지질구조판"이라며 그들의 성질을 돋우는 취미가 있다(사실 크게 틀린 말은 아니다).

흔히 '지질학적 탄소 순환'으로 불리는 지질구조판의 피드백 효과는 몇 가지 중요한 특징을 갖고 있다. 첫째, 지질구조판은 지각과 맨틀로부터 신선한 광물을 표면으로 부상시킨다. 이 현상은 지각판이 갈라지는 중앙해령의 화산활동을 통해 생길 수도 있고, 지각판이 맨틀 쪽으로 가라앉는 섭입대나 충돌 지대에서 화산을 통해 나타날 수도 있다. 이런 지역에서는 육지가 강한 압축력을 받아 구겨지면서 산맥이 형성되곤 한다. 하와이의 바다 속 핫스팟에서도 지질구조판이 위로 부상할 수 있지만, 그 효과는 육지보다 훨씬 약하다. 광물질이 지표면으로 올라오면 빗물

* 결과가 다시 원인으로 작용하여 결과를 강화시키거나 약화시키는 현상.

이나 강, 호수, 바다 등지에서 물과 이산화탄소와 화학반응을 일으키는데, 특히 물속에 이산화탄소가 녹아들면(특히 빗방울에 이산화탄소가 많다. 빗방울은 모든 방향으로 대기에 노출되어 있기 때문이다) 약한 산성을 띠게 되고(우리가 매일 마시는 탄산음료가 바로 이런 물이다), 대기 중 이산화탄소는 이런 식으로 광물질과 결합하여 바위 속에 저장된다. 그후 이 바위가 온전하게 남아 있으면 탄산염으로 이루어진 딱딱한 막이 형성되어 내부에 있는 광물은 더 이상 반응을 일으키지 못하고, 대기 중에서 이산화탄소가 추출되는 현상은 이것으로 종료된다. 그러나 바위가 비와 눈, 그리고 강물과 빙하에 침식되면 광물질은 결국 바다로 유입된다. 그리고 침식이 일어나면 지질구조판을 타고 올라온 신선한 광물질이 노출되면서 대기 중 이산화탄소와 화학반응을 일으키고…… 위와 동일한 과정이 반복된다.

침식이 일어나면 지구의 표면은 매끈한 당구공처럼 점차 평평해지고, 대기 중 이산화탄소를 추출하는 작용은 점차 느려지거나 아예 중단된다(해저면의 경우는 수심에 따라 다르게 나타나는데, 내용이 너무 복잡하기 때문에 생략한다). 그러나 지질구조판은 신선한 광물을 지표면으로 들어올릴 뿐만 아니라, 대형 산맥과 화산을 만들고 침식에 의한 순환을 유지시키고 있다. 침식된 광물이 강이나 호수, 또는 궁극적으로 바다에 유입되면 물속에 함유된 이산화탄소에 의해 탄화작용이 계속된다. 오늘날 바다에서 일어나는 탄소 반응의 상당 부분은 산호초와 플랑크톤(유공충foraminifera, 석회비늘편모류cocolithophores 등)에 의해 매개되고 있지만, 이들이 없어도 반응은 계속될 것이다. 원시 지구의 대기 중 이산화탄소 농도는 거의 60%에 가까웠는데 그중 대부분은 해저면에 탄산염의 형태로 남아 있다(지질구조판이 융기한 곳에서는 산악 지대에 남아 있다). 이처럼 이산화탄소가 지질 활동을 통해 흡수되지 않았다면, 지구의 대기는 금성과 비슷했을 것이다.

그러나 지질구조판이 이산화탄소를 영원히 가둬둘 수는 없다. 특히 지질구조판이 맨틀로 되돌아가는 섭입대에서는 해저면의 탄산염이 맨틀로 빨려 들어가고 있다. 이곳의 바위에 갇혀 있는 이산화탄소가 뜨거운 맨틀에 도달하면 밖으로 탈출하여 섭입판 위에 있는 맨틀 속으로 유입된 후(4장에서 말한 대로 이 과정은 섭입판에서 유출된 물 때문에 일어난다), 화산을 통해 대기 중으로 방출된다. 그러나 일부 탄산염은 초대형 오븐 속에서 끝까지 살아남아 깊은 곳에서 맨틀에 섞여 들어간다. 맨틀에는 탄소가 골고루 섞여 있지 않지만, 국소적으로는 탄소 농도가 꽤 높은 곳도 있다. 전체적인 농도가 낮다고 해도 맨틀은 워낙 양이 많기 때문에, 맨틀에 섞여 있는 이산화탄소의 총량은 지각과 바다에 섞여 있는 총량보다 훨씬 많다. 그러나 과학자들이 관심을 갖는 것은 주로 후자 쪽이다. 맨틀에 이산화탄소가 많다는 것을 보여주는 대표적 증거가 바로 다이아몬드다. 다이아몬드는 지하 수백 km에서 탄소가 취할 수 있는 가장 안정적인 형태로서, 빠른 속도로 부상하여 종종 암장침입magmatic intrusion(지각에 낀 마그마) 속에 갇히곤 한다. 가장 널리 알려진 암장침입 지구로는 남아프리카공화국의 킴벌리Kimberley에 있는 킴벌라이트Kimberlites를 들 수 있다. 다이아몬드는 대기 중 이산화탄소 농도에 아무런 기여도 하지 않으므로, 군침이 돌긴 하지만 일단 뒤로 젖혀두자. 맨틀은 중앙해령의 해저 화산이나 하와이의 핫스팟을 통해 이산화탄소를 배출한다. 이처럼 이산화탄소는 지구 내부로부터 대기로 서서히 유출되면서 지구의 온실효과를 유지시키고 있다.

지질학적 탄소순환(신선한 광물의 침식과 풍화에 의해 양이 줄었다가 화산활동을 통해 보충되는 순환)은 아직 확증되지 않은 가설이지만 많은 학자들의 지지를 받고 있으며, 핵심은 단연 음성 피드백이다(음성 피드백도 하나의 가설로서 창시자인 제임스 워커James C. G. Walker의 이름을 따서 '워커 세계 모형Walker World model'으로 불리기도 한다. 나의 연구 동료였던 예일대학교의 로버트 버너Robert Berner는 워커 모형의 단점을 보완한 블래그 모형BLAG model을 제안한 바 있다). 광물질의 풍화와 침식은 몇 가지 경로를 통해 온도의 영향을 받는다. 첫째, 온도가 높으면 물의 증발량이 많아져서 비가 자주 내리고, 그 결과 침식이 더 빠르게 진행된다(산악 지형도 중요한 영향을 미친다. 고지대에서 경사로를 타고 오르는 바람은 다량의 수분을 머금고 있기 때문에 빗방울이 응결되기 쉽다). 둘째, 신선한 광물을 탄소와 결합시키는 탄화나 풍화 과정은 온도가 높을수록 빠르게 진행된다. 따라서 화산이 폭발하여 여분의 이산화탄소가 대기 중에 유입되면 숲에 대형 화재가 발생하거나 화석연료를 태우고(아깝다!), 온실효과로 기온이 높아져서 비가 내리면 광물의 침식과 풍화가 더욱 빠르게 진행되어 대기 중 이산화탄소 농도가 다시 낮아진다(그러나 한 번 높아진 이산화탄소 농도가 원상태로 돌아갈 때까지는 수백만 년이 소요되기 때문에, 사람들에게 경각심을 불러일으키기에는 역부족이다. 정신 차리게 만들려면 이 과정을 훨씬 빠르게 진행시키는 기술이 개발되어야 한다). 이와는 반대로 대기 중 이산화탄소 농도가 급감하면(실제로 과거에 이런 일이 있었다. 잠시 후에 다시 언급할 것이다) 온실효과가 완화되고 증발과 강수, 침식, 풍화 작용이 감소하여 대기 중 이산화탄소가 더 이상 흡수되지 않는다. 그사이에 화산에서 이산화탄소가 서서히 분출되어 결국 대기는 원래의 농도로 되돌아간다. 지질구조판이 대기의 온도와 이산화탄소 농도를 적정 수준으로 유지시키고 있는 것이다(그러나 급변한 이산화탄소의 양이 원래 수준으로 회복되려면 수백만~수천만 년이 걸린다). 간단히 말해서 지질구조판은 주기적 변화를 겪으면서 수억 년 동안 기후를 안정된 상태를 유지해왔다. 여기서 '안정적'이라 함은 평균 기온이 수십 ℃ 이상 변하지 않았다는 뜻이다. 사실 지난 수억 년 사이에 지구는 얼음으로 뒤덮인 적도 있고, 거대한 찜통으로 변한 적도 있었다.

기후가 적절한 한계 안에서 오락가락한다면 생명체가 탄생하고 진화하는 데 별 문제가 없다. 하지만 금성처럼 탈주온실효과가 일어나 이산화탄소가 대기 중으로 모두 방출되고 바다가 증발해버리면 어떤 생명체도 살아남을 수 없다. 다행히도 지구에는 지질구조판이 존재하여, 기후가 크게 변할 때마다 한계를 넘지 않도록 안전장치 역할을 해왔다.

지질구조판 위에 놓인 바다와 대기, 그리고 얼음은 기후변화를 초래하는 양성 피드백을 낳는다. 이 효과가 양성으로 나타나는 이유는 태양의 요동이나 지구의 자전 및 공전축의 요동으로 일조량이 조금 변했을 때 바다와 대기, 그리고 얼음이 그 효과를 증폭시키기 때문이다. 이런 요인이 복합적으로 작용하여 나타나는 변화 주기를 밀란코비치 주기Milankovitch cycle라 한다.

밀란코비치 주기는 20세기 초 시베리아의 천체물리학자이자 지질학자였던 밀루틴 밀란코비치Milutin Milankovitch의 이름에서 따온 용어이다. 그는 지구의 자전축과 공전궤도의 요동 때문에 수천 년을 주기로 지구에 빙하기가 찾아온다고 주장했다. 밀란코비치 주기는 세 가지 주기운동을 결합한 결과인데, 그중 가장 짧은 주기는 지구 자전축의 세차운동歲差運動, precession이다. 지구의 자전축은 회전하는 팽이의 회전축처럼 가느다란 원뿔을 그리면서 26,000년을 주기로 서서히 돌고 있다. 이 운동이 계속된다면 북반구에서 서기 13,000년의 1월은 겨울이 아닌 여름이 될 것이다. 두 번째 주기는 지구의 자전축이 공전면에 대하여 기울어진 정도가 변하는 주기이다. 현재 지구의 자전축은 공전면에 대하여 23.5°쯤 기울어져 있는데, 이 값이 40,000년을 주기로 변하고 있다(변화 폭은 22.5°~24.5°이다). 자전축의 경사가 클수록 겨울은 더 추워지고 여름은 더 더워진다. 마지막으로 공전궤도의 이심률(원에서 벗어난 정도)도 약 10만 년을 주기로 변하고 있다. 이심률이 변하면 지구와 태양 사이의 거리가 변하기 때문에 당연히 기후에 영향을 미친다. 여기에 지구의 남-북 비대칭(대륙과 바다의 비율이 다름)을 고려하면 세 가지 주기는 각각 2만 년, 4만 년, 10만 년으로 수정되어 태양 빛의 흡수율에 주기적 변화를 초래한다. 밀란코비치 주기는 해양 퇴적물에 남아 있는 과거의 기후변화 패턴을 통해 거의 맞는 것으로 판명되었다.

사실 밀란코비치 주기에 따른 태양에너지 흡수량의 변화는 겉으로 드러나지 않을 정도로 미미하다. 그러나 바다와 대기가 이 변화를 증폭시키는 바람에 수십만 년을 주기로 빙하기(그리고 간빙기)가 찾아왔다. 지질구조판이 기후변화를 간신히 진정시키면, 바다와 얼음이 마치 실력 없는 배우나 과학 저널리스트처럼 모든 것을 망쳐놓는 형국이다(이건 농담이다, 반쯤은……). 또한 이산화탄소가 따뜻한 바다보다 차가운 바다에 잘 녹는 것도 중요한 요인으로 작용했다.

바다에 녹아 있는 다량의 이산화탄소도 중요한 양성 피드백을 낳는다(대기 중 이산화탄소보다는 많고, 지각에 갇혀 있는 이산화탄소보다는 적다). 그러나 이산화탄소는 따뜻한 물보다 차가운 물에 더 잘 녹기 때문에, 이로부터 중요한 결과가 초래된다.

바다에 녹아 있는 이산화탄소와 대기 중에 섞여 있는 이산화탄소가 정확하게 균형을 이뤄서, 둘 사이에 이산화탄소가 교환되지 않는다고 가정해보자. 지면의 평균 온도가 밀란코비치 주기 안에서 상승하면 따뜻해진 바다는 더 이상 이산화탄소를 수용하지 못하여 일부를 대기 중으로 방출할 것이다. 그러면 대기의 이산화탄소 농도가 짙어지면서 온실효과가 심화되고, 그 여파로 바다가 더 따뜻해져서 더 많은 이산화탄소를 방출하고…… 이런 식으로 반복된다. 이와는 반대로 빙하기가 찾아와서 지면의 온도가 내려가면 차가워진 바다는 대기에서 이산화탄소를 흡수하면서 더욱 차가워질 것이다. 둘 중 어떤 경우이건 바다는 기후변화를 초래하는 양성 피드백을 낳는다. 수면에 녹은 이산화탄소가 바다 전체에 골고루 퍼지려면 수만 년이 걸리는데, 이 정도면 밀란코비치 주기보다 훨씬 짧다.

온난화에 대한 바다의 반응도 중요하지만, 화산활동이나 화재 등으로 대기 중 이산화탄소의 양이 급증했을 때 바다가 반응하는 방식도 그 못지않게 중요하다. 이전과 마찬가지로 바다와 대기의 이산화탄소가 균형을 이룬 상황에서 어떤 이유에서건 다량의 이산화탄소가 대기 중에 유입되었다고 하자. 이들 중 일부는 바다에 흡수되었다가 차가운 하강류*를 타고 깊은 곳으로 가라앉는데, 바닷물은 워낙 양이 많아서 순환하는 데 매우 긴 시간

* 바닷물이 얕은 곳에서 깊은 곳으로 가라앉는 현상.

이 소요되기 때문에 대기에 유입된 이산화탄소는 수백 년 동안 거의 같은 상태로 유지된다. 그러나 이산화탄소 때문에 온실효과가 심화되어 바닷물의 온도가 올라가고, 그 결과 바다에 녹아 있던 이산화탄소가 다시 대기 중으로 방출되어 상황을 더욱 악화시킨다(식물도 광합성을 하면서 이산화탄소의 양을 줄이지만, 이들이 죽으면 조직이 부패되면서 이산화탄소를 방출한다. 생물에 의해 이산화탄소가 감소하려면 개체수가 증가하거나, 화석연료처럼 죽은 후 땅속에 묻혀서 부패되지 않아야 한다. 물론 지금처럼 삼림을 파괴하고 화석연료를 열심히 태우면 이 모든 효과가 무용지물이 된다).

북극과 남극의 얼음도 양성 피드백에 기여하고 있다. 얼음은 햇빛을 반사하기 때문에 지구에 흡수되는 태양에너지는 한계 값을 넘지 못한다. 그러나 기온이 따뜻하면 얼음이 녹아서 햇빛 반사율이 낮아지고, 그 결과 지면이 더 따뜻해져서 얼음이 더 녹고…… 이런 식으로 반복된다. 반대로 기온이 내려가면 얼음이 많아져서 반사율이 높아지고, 지면이 더 차가워져서 얼음이 더 많아진다.

그린란드와 남극대륙을 덮고 있는 빙하가 녹으면 해수면이 높아지면서 저지대의 섬들은 바다에 잠긴다(인도양의 몰디브섬이 대표적 사례이다). 이것은 온난화와 함께 현재 진행 중인 사건이다. 빙산은 90% 이상이 해수면 아래에 잠겨 있으므로 다 녹는다 해도 해수면에는 별 지장이 없다. 단, 빙산이 녹으면 바닷물의 온도가 변하고, 온도가 변하면 부피도 달라지므로 이로 인해 수위가 변할 수는 있다. 그린란드와 남극대륙의 빙하가 모두 녹으면 해수면은 70m쯤 높아지는데, 이 정도면 바닷가에 있는 도시들은 대부분 수장된다. 얼음의 양이 감소하는 것도 기후에 양성 피드백을 초래한다. 특히 화산을 덮고 있는 빙하가 녹으면 마그마에 가해지는 압력이 감소하여 거품을 내며 끓어오르다가 결국은 폭발할 것이다. 탄산음료의 뚜껑을 열었을 때 내용물이 넘치는 것과 같은 현상이다. 따라서 빙하가 감소하면 화산에서 이산화탄소가 더 많이 분출되고, 이로 인해 기온은 더욱 높아진다. 그러나 이것은 비교적 최근에 제기된 가설로서, 아직은 논란의 여지가 남아 있다(최초 제안자는 하버드대학교의 지질학자 피터 휴이버스Peter Huybers와 찰스 랭뮤어Charles Langmoir였다).

바다(그리고 거기에 녹아 있는 이산화탄소)와 극지방의 얼음에 의한 양성 피드백은 기후의 미세한 변화를 크게 증폭시킨다. 하나의 밀란코비치 주기 안에서 태양 빛 흡수량이 조금 많아지면 이 피드백이 작용하여 기온이 크게 올라가고, 흡수량이 줄어들면 몹시 추워질 것이다. 흡수량이 변한 시점부터 기온이 크게 변할 때까지는 수십 년, 또는 수백 년밖에 안 걸리기 때문에, 밀란코비치 주기는 수만 년까지 길어진다. 그동안 지구에 2만 년~10만 년을 주기로 찾아온 빙하기가 이 사실을 입증하고 있다(마지막 빙하기는 12,000년 전에 찾아왔고, 그 직후에 인류 문명이 태동했다).

그동안 지구는 빙하기와 열대기 등 다양한 기후변화를 겪었다. 한정된 페이지 안에서 모든 내용을 다룰 수는 없으니, 중요한 사건 몇 개만 소개하기로 한다. 첫째, 지금으로부터 약 6억 년 전, 그러니까 다세포생물이 등장하기 직전에 지구 전체가 얼음으로 뒤덮인 적이 있었다. 이것을 '눈덩이 사건Snowball event'이라 한다. 이 시기에 빙하를 타고 떠내려온 바위들이 지금도 저위도 열대지방에서 발견되고 있다(서아프리카의 나미비아에 있는 퇴적층이 대표적 사례이다). 이런 사건이 다시 발생할 수 있을까? 다행히도 그럴 가능성은 별로 없다. 당시에는 몇 가지 양성 피드백이 시기 적절하게 일치하여(생명체 입장에서는 '재수 없게' 일치하여) 지구 한랭화를 가속시켰는데, 이들이 다시 의기투합하여 협조할 가능성은 거의 0이기 때문이다.

지질학자들은 지금으로부터 약 11억 년 전에 로디니아Rodinia라는 초대륙이 존재했다고 가정하고 있다(그 전에도 우르Ur, 케놀

랜드Kenorland, 컬럼비아Columbia 등 몇 개의 초대륙이 순차적으로 존재했다). 가장 최근에 존재했던(그리고 가장 유명한) 판게아와 달리 로디니아는 적도에 중심을 두고 있었는데, 이 거대한 대륙이 갈라질 때 다량의 용암과 신선한 광물이 갈라진 틈으로 솟아올랐고(현재의 동아프리카), 열대기후에 남은 소대륙은 습한 해변 환경에 고스란히 노출되었다. 열대지방은 다른 곳보다 태양열이 강하게 내리쬐기 때문에 물의 증발량이 많고 비도 많이 내린다. 그래서 로디니아가 갈라지고 남은 신대륙에서는 침식과 풍화가 매우 심하게 일어나서 다량의 이산화탄소가 땅속에 흡수되었다. 이런 상황에서는 일반적으로 날씨가 추워지고 강우량이 감소하는데, 열대지방에서는 이 정도로 기온이 크게 변하지 않기 때문에 기온이 조금 내려가도 여전히 많은 비가 내린다. 당시에는 한랭화가 계속되어 얼음이 많아졌고, 얼음이 햇빛을 반사하여 지구는 더욱 추워졌다. 일반적으로 대륙의 위도가 높으면(오늘날 대부분의 대륙이 그렇다) 얼음이 침식과 풍화를 방해하여 대기 중 이산화탄소의 손실이 줄어들기 때문에 한랭화가 심하게 진행되지 않는다. 그러나 적도 근처에 있는 대륙은 대부분의 얼음이 '동결된 바닷물'이었기에, 육지에서 일어나는 침식과 풍화를 막지 못했다. 간단히 말해서 얼음은 점점 많아지고 풍화가 계속되면서 남반구와 북반구는 얼음으로 뒤덮였고, 얼음이 햇빛을 반사하여 온도가 더욱 내려가면서 지구 전체가 수억 년 동안 얼음으로 뒤덮이게 된 것이다.

이 끔찍한 재난에도 불구하고 생명체들은 해저면에 나 있는 웅덩이에 숨어서 끝까지 살아남았고, 지구는 지질구조판 덕분에 원래 상태로 되돌아올 수 있었다. 지구 전역을 덮은 얼음과 차가운 기온이 바위의 풍화와 침식을 방지하여 대기 중 이산화탄소가 더 이상 손실되지 않았기 때문이다. 또한 화산과 섭입대, 그리고 중앙해령에서도 이산화탄소가 꾸준히 유출되어 온실효과가 일정 수준으로 유지되었으며, 얼음 위에 쌓인 화산재는 햇빛의 반사율을 낮추는 데 일조했다. 그리하여 지표면은 다시 따뜻해졌고, 지구는 두툼한 얼음 옷을 벗고 예전의 생기를 되찾을 수 있었다. 마지막 눈덩이 사건이 종료된 후, 지구에는 복잡한 생명체가 우후죽순처럼 등장하는 '캄브리아 폭발Cambrian Explosion*'을 맞이하게 된다.

이와는 반대로 지구 전체가 찜통처럼 끓어서 북극권까지 얼음이 모두 사라지고 열대기후로 변한 적도 있다(야자나무와 고대 악

* 생명체의 종류가 폭발적으로 증가한 시기.

어의 화석이 북극권에서 발견되었다). 가장 심했던 찜통 사건은 에오세Eocene 초기인 5천만~6천만 년 전에 일어났는데, 유카탄반도에 소행성이 떨어져서 공룡이 멸종한 직후이니 지질학적 시간규모에서 볼 때 그리 오래전의 일은 아니다(공룡이 살던 시절에도 기후는 따뜻했지만 찜통까지는 아니었다). 이 시기에는 북대서양 배핀만Baffin Bay* 근처의 대륙이 갈라지면서 분출된 용암이 탄소가 풍부한 해저 퇴적층을 태우면서 다량의 이산화탄소가 분출되었기 때문에, 대기 중 이산화탄소 농도가 매우 높았다. 또한 에오세에는 짧은 기간 동안 기온이 급상승하는 이상고온hyperthermal 현상이 여러 번 일어났는데, 특히 '팔레오세-에오세 최고온기Paleocene-Eocene Thermal Maximun'라 불리는 기간에는 역사상 최고 온도를 기록했다(물론 이 시대에 누군가가 이산화탄소 농도와 기온을 기록했을 리는 없다. 그렇다면 온도가 높았다는 것을 어떻게 알 수 있을까? 비결은 바로 '동위원소'이다. 생명체나 바다의 온도가 다르면 산소와 탄소의 동위원소 함량이 다르고, 이 차이는 바위와 화석에 고스란히 남아 있다. 그러니까 동위원소는 과거 이산화탄소의 농도와 기온 등을 말해주는 대변인인 셈이다).

* 그린란드와 배핀 제도 사이의 대서양.

팔레오세-에오세 최고온기를 일으킨 주범은 아마도 해저면에서 방출된 메탄이었을 것이다. 지금도 해저면에서는 미생물이 방출한 다량의 메탄이 '클라스레이트clathrate*'라는 형태로 발견되고 있다. 앞으로 화산에서 방출된 이산화탄소가 바다를 데워서 클라스레이트를 녹인다면 그 안에 갇혀 있는 메탄이 방출될 텐데, 이것도 양성 피드백을 초래할 수 있다. 메탄은 매우 강력한 온실가스이므로 대기와 바다가 따뜻해질 것이고, 이로 인해 더 많은 클라스레이트가 녹으면서 온실효과가 더욱 심해질 것이기 때문이다. 그러나 다행히도 대기 중에 유입된 메탄은 산소와 결합하면서 10년 안에 모두 사라진다[메탄이 산소와 결합하면 물(수증기)과 이산화탄소로 변하는데, 이들도 온실가스에 속하지만 메탄보다는 약하다]. 팔레오세-에오세 최고온기가 강력하면서도 짧게 끝난 것은 바로 이와 같은 메탄의 특성 때문이었을 것이다.

에오세에 접어든 후 거의 5천만 년 동안 지구는 수시로 동결사건cooling event을 겪어왔다. 에오세에 호주대륙과 남극대륙은 아직 분리되기 전이어서 북쪽 해안선이 적도까지 뻗어 있었으

* 얼음과 메탄의 화합물.

며, 이곳을 흐르는 해류는 따뜻한 바닷물을 남극대륙 쪽으로 운반하여 얼음을 녹였다. 그후 호주는 남극대륙과 분리되어 아시아를 향해 북으로 이동했고, 남극대륙의 해안을 지나는 해류는 차가운 남극에 갇혀서 더 이상 따뜻한 물을 운반하지 못했다(이 해류가 바로 남극순환류Circumpolar Current로서, 지금도 흐르고 있다). 그리하여 남극대륙에는 얼음이 자라기 시작했고, 이들이 햇빛을 반사하여 온도가 더 내려가는 양성 피드백이 시작되었다.

북으로 이동한 호주대륙은 인도판의 일부였다. 인도판은 유라시아판과 충돌하여 히말라야산맥을 만들었는데, 이 거대한 산맥에서 침식과 풍화가 대대적으로 일어나 대기 중 이산화탄소의 양이 크게 감소했다. 이것을 레이모-루디먼 가설Raymo-Rudiman hypothesis이라 한다(미국의 고기후학자 모린 레이모Maureen Raymo와 윌리엄 루디먼William Rudiman의 이름에서 따온 용어이다). 이 가설에 의하면 습한 공기가 히말라야산맥을 타고 높은 고도로 올라가면서 강수량이 증가했다. 게다가 여름철에 대륙의 따뜻한 공기가 대류를 타고 상승하면 그 자리를 바다의 습한 공기가 메우면서 대륙 전체에 많은 비와 눈을 뿌렸다(이 현상을 몬순 순환Monsoon Circulation이라 한다). 히말라야산맥 때문에 비가 많이 내리고, 비 때문에 침식과 풍화가 일어나 대기 중 이산화탄소가 감소하여 날씨는 점점 더 추워졌다.

이 한랭기는 거의 5천만 년 동안 계속되었으며, 지금으로부터 약 3천만 년 전에는 남극대륙의 얼음이 모두 녹았다가 1,500만 년 전에 다시 얼음으로 덮였다[이 시기는 중신세Miocene(2,400만 년 전~500만 년 전)에 해당한다]. 다행히도 수백만 년 전 이후로는 기후를 알아내기가 비교적 쉽다. 나무의 나이테와 얼음, 동굴 퇴적물 등에 당시 기후의 흔적이 뚜렷하게 남아 있기 때문이다. 지구는 수백만 년 전부터 수천 년~수만 년짜리 단기 빙하기를 여러 번 겪었는데, 이 주기는 앞에서 언급된 밀란코비치 주기와 거의 정확하게 일치한다.

가장 최근의 빙하기는 홍적세Pleistocene(180만 년 전~1만 년 전)를 지배했던 빙하기로 260만 년 전부터 12,000년 전까지 계속되었으며, 그 직후에 최초의 인류 문명이 싹트기 시작했다. 그러나 인류가 출현하기 전인 700만 년쯤 전부터 지구는 빙하기와 다름없는 한랭화를 겪었으며, 혹한 속에서 등장한 최초의 인간은 어쩔 수 없이 추위에 적응하는 쪽으로 진화했다. 즉 인간은 원래 추운 환경에서 살았던 생명체라는 이야기다. 그린란드와 남극대륙의 빙하가 녹는 것을 '재앙'으로 여기는 성향도 여기서 비롯된 것이다. 빙하가 녹아서 해수면이 높아지는 문제는 차치하고, 원래 인간이라는 종은 더운 환경에 익숙하지 않다(여기서 '덥다'는 말은 오늘날 지구에서 가장 더운 지역의 평균 기온보다 훨씬 높은 온도를 의미한다).

안정적인 기후와 서식 가능성, 그리고 기후변화를 초래하는 다양한 요인들은 인간에게 중요한 교훈을 남겨주었다. 화석연료에서 초래된 온난화 현상은 이미 100여 년 전에 스웨덴의 물리학자이자 노벨상 수상자인 스반테 아레니우스Svante Arrhenius가 예견했고, 미국의 지구화학자 찰스 킬링Charles Keeling은 하와이의 마우나로아 화산Mauna Loa 정상에서 대기의 성분 변화 추이를 거의 60년 동안 관측한 끝에, 대기 중 이산화탄소 농도가 비정상적으로 높아지고 있음을 확인했다. 인공적으로 배출된 이산화탄소가 기온을 얼마나 빠르게 상승시킬지는 아직 알 수 없지만, 지구 전체가 뜨거워지고 있다는 것만은 분명한 사실이다.

현재 진행 중인 지구온난화는 정말로 인간이 방출한 이산화탄소 때문인가? 아니면 인간의 문명과 상관없는 자연스러운 변화인가? 이 점에 대해서는 학자들 사이에서도 의견이 분분하다. 과거에도 지구의 기후는 수시로 변해왔지만, 대부분의 경우 이산화탄소의 농도 변화가 기후의 변화를 초래했다. 특히 다량의 이산화탄소를 저장하고 있는 대형 화산이 폭발했을 때, 기후는 짧은 시간 동안 격렬하게 변하곤 했다. 그러므로 화산이 아닌 다른 저장소(화석연료)에서 다량의 이산화탄소가 방출되었을 때도 비슷한 결과가 초래될 것이다. "그래도 사람이 초래한 변화는 자연적인 변화와 무언가 달라도 다르지 않을까?" 이렇게 생각한다면 정말 큰 오산이다. 권총 결투가 무섭다며 러시안 룰렛으로 종목을 바꾼다고 해서 살아날 확률이 높아지겠는가? 죽는 것이 목적이 아니라면 러시안 룰렛은 무조건 피하는 게 상책이다.

인간에 의한 기후변화를 문제 삼는 이유는 지구를 걱정하기 때문이 아니라 인간을 걱정하기 때문이다. 인간은 먼 조상부터 추운 날씨에 줄곧 적응해왔기에, 지구의 일부에 불과한 서식 가능 지역이 따뜻해지는 것을 원치 않는다(다른 동물의 생존도 걱정하는 척하고 있지만, 급박한 상황에서는 언제나 인간이 우선이다). 그러나 우리가 환경을 아무리 망쳐놓아도 지구는 적어도 앞으로 수백만 년 동안 멀쩡하게 유지될 것이다. 과거에도 그랬듯이 지질구조판은 인간이 내뿜은 이산화탄소를 흡수하여 정상적인 상태로 되돌려놓을 것이다. 인간의 입장에서는 시간이 너무 오래 걸린다는 것이 문제지만, 지구는 인간의 생존 여부에 아무런 관심도 없다.

7

생명

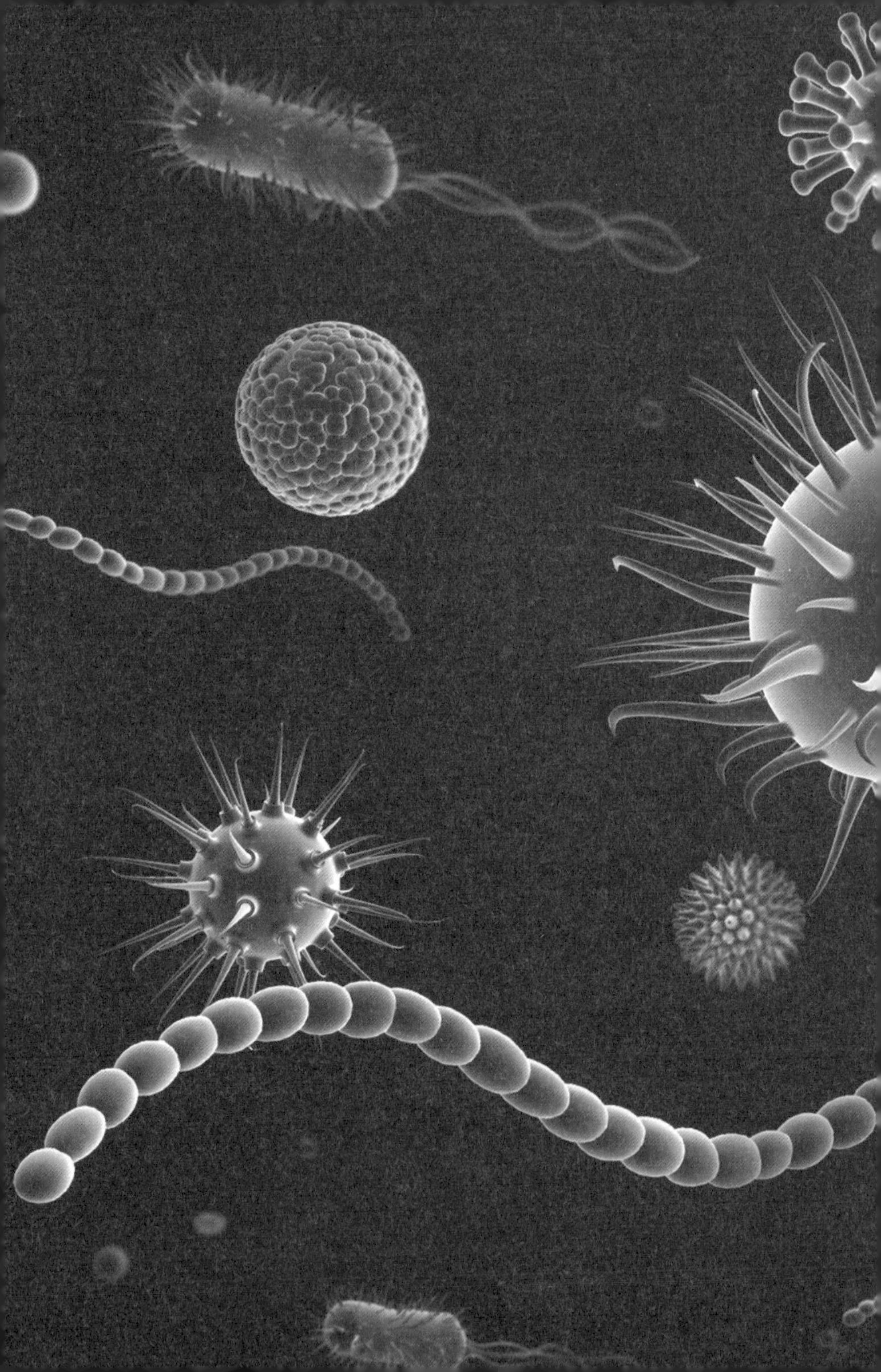

생명은 어디서 비롯되었는가? 이것은 자연과학의 성배聖杯와 같은 질문이다. 생명에서 생명이 태어나는 것은 우리가 익히 알고 있는 '번식'이지만, 생명이 아닌 것(무기물)에서 생명이 태어나는 것은 창조의 영역에 속한다. 생명은 대체 언제, 어디서, 무엇으로부터, 어떻게 시작되었을까?

생명의 기원을 논하기 전에, 먼저 '생명'이라는 단어부터 명확하게 정의할 필요가 있다(미국 연방대법원 판사 포터 스튜어트Potter Stewart는 음란물 문제를 언급하면서 "음란물을 정의하기는 어렵지만 눈으로 보면 누구나 금방 알 수 있다"고 했다. 생명의 징후도 직관적으로는 매우 명확하지만, 이런 식의 정의는 전혀 과학적이지 않다). 간단히 말해서 생명이란 화학반응을 이용해서 주변 환경으로부터 물질과 에너지를 취하여 성장하고 번식하는 생물학적 개체를 의미한다. 그리고 생명체 안에서 일어나는 반응은 결과물이 반응 자체를 촉진한다는 점에서 자가촉매적autocatalytic이다. 예를 들어 식물은 물과 이산화탄소, 그리고 태양에너지를 이용하여 길다란 사슬 구조의 포도당 분자를 만들어내는데, 이것은 식물의 몸체를 구성하는 주요 성분이다(세포벽의 주성분인 셀룰로스cellulose의 형태로 존재한다). 즉 광합성의 결과물이 더 많은 광합성을 촉진하는 것이다. 반면에 동물과 같은 호기성 생물好氣性~, aerobic~*은 음식과 태양에너지를 취하여 더 많은 세포를 만들어내고, 이를 유지하기 위해 더 많은 음식을 취한다. 이와 같이 생명은 성장하고 번식하면서 자신에게 필요한 영양분과 에너지를 적극적으로 찾고 있다.

무기화학반응 중에는 생명 활동의 특성을 그대로 빼닮은 것도 있다. 예를 들어 불은 호기성 생물처럼 물질과 에너지를 소모하면서 물과 이산화탄소를 만들어낸다(광합성과 정반대이다). 또한 불은 생명과 마찬가지로 더 많은 연료(나무, 잔디 등)를 소모하기 위해 멀리 퍼져 나가고, 발화될 때까지 연료를 데우면서 자신

* 산소를 이용하여 신진대사를 하는 생물.

의 활동을 촉진한다.

그러나 생명에 대한 두 가지 새로운 정의를 도입하면 불은 기준에서 탈락한다. 첫째, 생명은 자원을 소모할 뿐만 아니라, 복잡한 분자를 만들어서 기존에 있는 분자의 생명 활동을 촉진하고 자신과 닮은 개체를 재생산하고 있다. 중요한 것은 이러한 재생산을 통해 이전에 있던 분자로부터 정보가 전달된다는 점이다. 반면에 불은 물이나 이산화탄소와 같이 단순한 분자만 재생산할 수 있다. 둘째, 생명은 자연선택natural selection을 통해 진화한다. 화학반응을 계속할 수 없을 정도로 주변 환경이 불리한 쪽으로 변하면, 생명체는 어떻게든 가능한 쪽으로 자신의 신체 구조를 바꾼다(단, 환경이 너무 빠르게 변하지 않아야 한다). 그러나 이 과정은 '생명체의 의지'가 아닌 '불완전한 복제'를 통해 이루어진다. 즉 새로 태어난 개체는 부모와 완전히 똑같지 않아서, 동일한 종種 사이에 다양성이 창출되는 것이다. 이들 중 달라진 환경에 적절한 형질을 타고난 개체는 살아남고, 그렇지 않은 개체는 사라진다. 이것이 바로 다윈의 자연선택 원리이다. 그러나 불은 이런 식으로 환경에 적응할 수 없다. 습도에 강한 불과 약한 불이 따로 있지 않기 때문에, 주변에 습기가 많으면 불은 그냥 꺼진다. 간단히 말해서 생명이란 자립적으로 에너지를 소모하면서 일련의 화학반응을 통해 자신을 재생하는 개체이며, 이들은 결과물이 충분히 다양하기 때문에 자연선택을 통해 환경에 적응해 가는 능력을 갖고 있다(단, 환경이 변하는 속도가 적응 속도보다 빠르면 멸종한다). 오케이, 인정한다. 써놓고 보니 별로 간단하지 않다.

지구에 서식하는 모든 생명체들은 세포로 이루어져 있다. 생명 유지에 필요한 모든 화학반응은 이 안에서 이루어진다. 세포의 외벽을 에워싸고 있는 세포막은 영양분과 에너지원을 통과시키고 유해한 물질을 차단하는 '선택적 차단막'이다. 바이러스도 보호막이 있고 자연선택에 따라 진화하고 있지만, 다른 생명체의 도움 없이는 스스로 재생산을 할 수 없기 때문에 생명체인지 아닌지 정체가 모호하다(과학자들도 아직 의견 통일을 보지 못했다).

지구 최초의 생명체는 35억 년 전에 등장한 단세포미생물(박테리아)이었다. 그 전에도 생명체가 존재했다고 주장하는 학자들도 있는데, 화석 증거가 분명치 않아서 아직은 인정받지 못한 상태이다. 오늘날 지구에는 엄청나게 다양한 생명체들이 공존하고 있지만 이들의 몸을 이루는 구성 성분은 대체로 비슷하며, 지난 35억 년 동안 거의 변하지 않았다. 실제로 생명체를 구성하는 기본 원소는 단 몇 종류밖에 안 된다.

생명체에게 가장 중요한 원소는 수소와 탄소, 그리고 산소이다. 모든 생명체는 물과 대기(특히 이산화탄소)로부터 필요한 원소를 충당하고 있다. 이들의 목적은 다양한 포도당 분자를 만들어서 에너지를 얻고, 자신의 생물학적 정보가 담겨 있는 RNA(robonucleic acid, 리보핵산)와 DNA(deolyribonucleic acid, 디옥시리보핵산)를 생산하여 후손에게 물려주는 것이다. 또한 포도당에서 산소가 제거되면(이것을 '환원'이라 한다) 탄화수소가 지방산의 형태로 남아 세포막의 지질脂質, lipid과 에너지를 저장하는 지방세포fatty cell의 주성분으로 활용된다. 탄소와 산소는 몸속의 다른 분자들에게 반드시 필요한 원소인데, 자세한 내용은 조금 후에 다룰 예정이다.

그다음으로 중요한 원소는 질소이다. 생명체 속의 질소는 대부분 아미드화 이온amide ion의 형태로 존재한다. 이 이온은 수소 원자 2개와 질소 원자 1개, 그리고 여분의 전자 1개로 이루어져 있으며(H_2N^-), 전자를 매개체로 활용하여 다른 원자(또는 원자 집단)와 결합하면 아민amine 분자가 된다. 아마이드amide는 궁극적으로 암모니아(질소 원자 1개와 수소 원자 3개로 이루어진 화합물, NH_3)에서 수소 원자 하나가 제거되면서 만들어지는데, 아마이드가 다른 탄소-산소-수소 분자(카르복실 화합물carboxyl compound)

와 결합하면 단백질의 기본 요소인 아미노산이 된다. 단백질은 효소에서 근육에 이르기까지, 생명체의 다양한 부분을 구성하는 필수 영양분이다. 효소는 음식을 분해하는 등 생명 활동에 반드시 필요한 화학반응을 촉진하고, 단백질은 원형질protoplasm*을 구성하는 주요 성분이다. 단백질에 약간의 전기적, 또는 화학적 자극을 가하면 접히거나 꼬이면서 다양한 형태로 변하는데, 박테리아가 이동할 때 사용하는 편모鞭毛도 단백질로 이루어져 있다.

질소는 탄소, 산소, 수소와 결합하여 DNA와 RNA의 성분인 핵염기nucleobase를 만들어낸다. 주요 핵염기로는 아데닌adenine, A과 사이토신cytosine, C, 구아닌guanine, G, 티민thymine, T, 우라실uracil, U 등이 있으며, 이들 중 아데닌-사이토신-구아닌은 DNA와 RNA에 공통으로 들어 있고 티민은 DNA에, 우라실은 RNA에만 들어 있다. DNA와 RNA는 널리 알려진 바와 같이 '꼬인 사다리(이중나선)' 모양을 하고 있는데, 사다리의 가로대 역할을 하는 것이 바로 핵염기(A, C, G, T, U)이다(단, RNA는 사다리의 세로대가 하나밖에 없는 반쪽 사다리 형태를 띠고 있다).

마지막으로 생명체 속의 인phosphorus, P은 산소와 결합한 인

* 세포 내의 살아 있는 물질계.

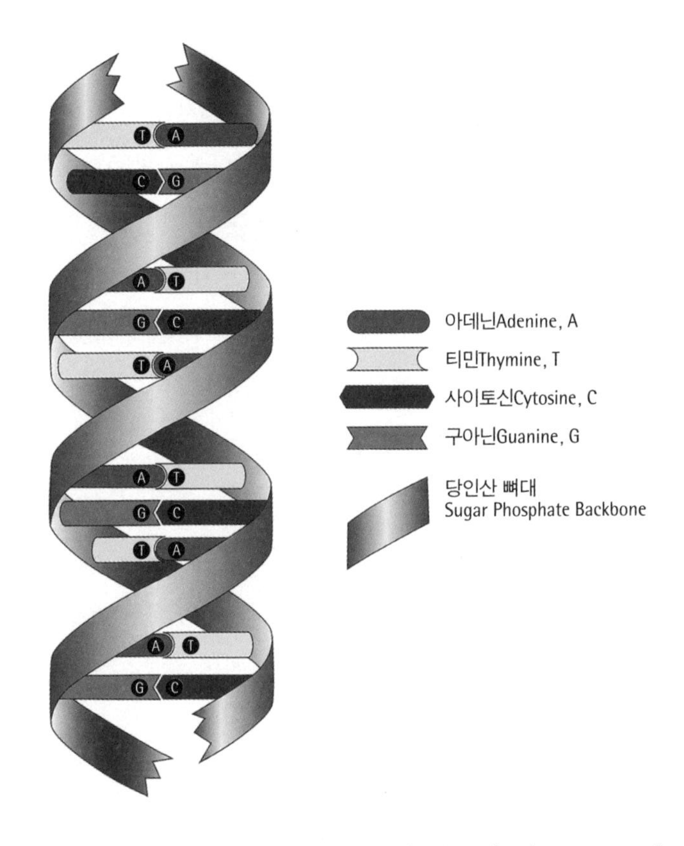

디옥시리보핵산deoxyribonucleic acid, DNA 분자는 뉴클레오티드nucleotide의 집합이며 개개의 뉴클레오티드는 아데닌, 시토신, 구아닌, 티민 등의 핵염기가 당인산 뼈대에 들러붙은 구조로 되어있다. 잘 알려진 바와 같이 DNA는 꼬인 사다리(이중나선) 모양을 하고 있는데, 핵염기는 사다리의 가로대에 해당하고 당인산sugar phosphate이 뼈대 역할을 한다. DNA의 핵염기 서열에는 유전정보와 세포 생산 지침이 저장되어 있으며, 하나의 가로대는 특별한 조합으로 뼈대에 연결되어 있기 때문에 DNA가 반쪽으로 갈라진 후에도 이전과 똑같은 형태로 복제될 수 있다. [그림 출처 : Barbara Schoeberl, Animated Earth LLC]

산염phosphate의 형태로 존재한다(인 원자 1개가 산소 원자 4개에 결합한 형태. PO_4). 인산염은 포도당이나 핵염기와 결합하여 뉴클레오티드가 되고, 이들이 모여서 꼬인 사다리 모양의 DNA나 반쪽 사다리 모양의 RNA가 만들어진다. 특히 각 뉴클레오티드의 당인산 부분이 서로 연결되어(특정 뉴클레오티드 끝에 있는 포도당이 다음 뉴클레오티드의 인산염에 연결되어 있다) RNA의 리보스ribose나 DNA의 디옥시리보스deoxyribose 척추가 되고, 핵산염들이 결합하여 사다리의 가로대를 형성한다(그래서 RNA는 '리보핵산'이고, DNA는 '디옥시리보핵산'이다). 또한 뉴클레오티드가 만든 아데노신 3인산adenosine triphosphate, ATP은 에너지를 저장하고 운반하는 분자인데, 3인산은 반응성이 매우 높기 때문에 세포 안에서 가장 값진 '에너지 화폐'로 통용되고 있다. 인산염과 질소는 지방산과 결합하여 세포막의 주성분인 인지질燐脂質, phospholipid을 만들어내기도 한다.

DNA와 RNA의 핵염기(줄여서 '염기'라고도 한다)들이 서로 결합할 때에는 특별한 규칙을 따른다. 예를 들면 염기 A는 오직 T하고만 결합하고, C는 G하고만 결합하는 식이다. 그러므로 DNA의 한쪽 세로대의 특정 부위에 A가 달려 있다면, 반대쪽에는 T가 달려 있다는 것을 보지 않아도 알 수 있다. 세포가 자신을 복제할 때 DNA는 세로 방향으로 이등분되어 반쪽 사다리가 되었다가 세포액 속을 떠돌아다니는 염기를 끌어들여서 온전한 모습을 갖추는데, 이때 위에서 말한 규칙에 따라 염기결합이 이루어지기 때문에 원래의 형태가 정확하게 복구된다. 이처럼 DNA는 스스로 복제하는 분자이므로 생명체의 일부임이 분명하다. 또한 DNA의 염기서열(사다리의 가로대가 나열된 순서)에는 유전정보가 들어 있어서, 이를 통해 부모의 생물학적 특성이 후손에게 전달된다. DNA는 자신을 복제할 뿐만 아니라, 반으로 쪼개진 후 반쪽 정보를 RNA를 통해 복제하여(이 경우에도 염기의 결합 규칙은 동일하다) 아미노산을 특정한 단백질로 합성하는 임무까지 수행하고 있다.

결론적으로 말해서, 생명체는 물 이외에 네 가지 기본 요소로 이루어져 있으며(포도당, 지방산, 아미노산, 뉴클레오티드) 이들은 다섯 종류의 원소(수소, 탄소, 산소, 질소, 인)로 이루어져 있다. 이들 중 수소는 대부분이 빅뱅 직후에 탄생했고 나머지는 별의 내부에서 핵융합을 통해 만들어졌다. 이외에도 생명체에는 미량의 원소가 포함되어 있는데, 예를 들어 피에 섞여 있는 철은 산소를 운반하여 포도당을 에너지로 변환시킨다. 그러나 위에 열거한 네 가지 기본 요소들은 모든 생명체에게 공통적으로 적용되며,

아무것도 없는 맨땅에서 생명체가 탄생하기 위해 반드시 필요한 재료이다.

1950년대에 시카고대학교의 화학과 대학원생 스탠리 밀러Stanley Miller와 그의 지도교수였던 해럴드 유리Harold Urey는 무기물에서 생명의 기본 요소를 만들어내는 실험을 수행했다(유리는 수소의 동위원소인 중수소를 발견하여 1934년에 노벨상을 받은 사람이다). 이들의 실험은 수소와 물, 메탄, 암모니아 등 수소화합물을 섞어서 지구의 원시 대기와 비슷한 기체를 만든 후 고온에서 전기 충격을 가하는 식으로 진행되었는데, 며칠이 지난 후 놀랍게도 플라스크에서 몇 가지 아미노산이 발견되었다. 그러나 문제는 실험에 사용된 기체가 태양계가 형성되기 전의 성운에 가까웠다는 점이다. 내태양계에서는 원시 기체가 태양열을 받으면서 많은 변화를 겪었고, 35억 년 전의 지구에는 화산활동을 통해 물과 이산화탄소가 훨씬 많았으므로 밀러와 유리의 실험과는 사뭇 다른 환경이었다(목성과 토성, 그리고 이들의 위성에는 원시 태양계의 대기가 거의 그대로 남아 있다). 그럼에도 불구하고 밀러-유리 실험은 몇 가지 혼합물이 화학반응을 일으켜서 생명의 기본 단위를 (적어도 하나 이상) 만들어낼 수 있음을 보여주었으며, 이것이

자극제가 되어 원시 대기와 바다에서 생명체가 탄생한 과정을 밝히는 실험 논문이 향후 수십 년 동안 봇물 터지듯 쏟아져 나왔다. 실제로 아미노산은 우주공간에서 자연적으로 생성되기도 한다. 1969년에 호주 빅토리아주의 머치슨Murchison에 떨어진 운석에서도 몇 종류의 아미노산이 발견되었다(그러나 지구에는 존재하지 않는 아미노산이었다. 머치슨 운석은 소행성 벨트를 이탈하여 지구로 떨어진 콘드라이트 계열 운석이다). 그렇다면 지구 생명체의 씨앗은 우주에서 배달된 것일까? 단정하긴 어렵지만 아마도 그렇지는 않을 것이다. 우주 아미노산의 형태가 너무 이국적인 데다가, 생명체가 탄생하려면 아미노산 외에도 다양한 재료가 필요하기 때문이다.

밀러-유리의 실험이 알려지고 얼마 지나지 않아 스페인의 생화학자 호안 오로Joan Oró가 비슷한 환경에서 아미노산과 함께 핵염기(DNA 및 RNA 사다리의 가로대)를 만드는 데 성공했다. 여기에 고무된 과학자들은 뉴클레오티드(이들이 모여서 완전한 DNA와 RNA가 형성된다)를 인공적으로 만드는 실험에 도전했는데, 최근까지 별다른 성과를 거두지 못하다가 지난 10년 사이에 비약적인 발전을 이룩했다. 케임브리지대학교의 화학자 존 서덜랜드John Sutherland가 지구에서 얻을 수 있는 다양한 재료를 이용하여 생명의 기본 단위인 지질脂質과 아미노산, 그리고 뉴클레오티드를 합성하는 데 성공한 것이다. 지방산이나 지질로 만들어진 거품(외부와 차단된 벽) 속에 영양분이 가득 차 있고, 그 안에 한 줄의 DNA 가닥이 들어 있으면 가장 단순한 형태의 세포가 된다. 최근 들어 하버드대학교의 생화학자 잭 쇼스택Jack Szostak이 이끄는 연구팀은 다양한 실험을 통해 "지질은 자발적으로 지방산을 포함한 거품을 형성하여 원시세포와 비슷한 형태가 된다"는 사실을 입증했다. 밀러와 유리가 이 분야에서 최초의 실험을 수행한 지 근 60년 만에 "자발적 세포 형성"이 가시권 안으로 들어온 것이다.

지구 최초의 생명체는 언제 어디서 등장했을까? 가장 오래된 미생물은 35억 년 전에 출현했지만, 그보다 수백만 년 전에 이미 시행착오를 겪은 선조가 존재했을 것이다. 최초의 생명은 DNA보다 간단한 RNA 분자를 이용하여 번식을 시도했을지도 모른다. 현대 생명체의 세포에서 RNA는 DNA의 지령을 하달하는 심부름꾼에 불과하다. 그러나 예일대학교의 생화학자 시드니 알트만Sidney Altman과 콜로라도대학교의 토머스 체크Thoma Cech는 RNA가 자신을 복제하거나 복제를 촉진한다는 놀라운 사실을 발견하여 1989년에 노벨상을 받았다. 이들의 발견은 지구 최초의 생명체가 RNA에 기초하여 재생과 번식을 해오다가 나중에 좀 더 복잡한 DNA 체계로 진화했다는 'RNA 세계 가설RNA World hypothesis'을 뒷받침한다.

밀러-유리와 마찬가지로 찰스 다윈도 최초의 생명체가 지표면의 원시수프primordial soup*에서 발생하여 태양에너지를 이용한 광합성으로 생명을 유지했다고 믿었다(지금까지 알려진 최초의 생명체도 광합성을 하는 미생물이었다). 그러나 최초의 생명이 35억 년 전에 이와 같은 식으로 발생했다면 매우 험난한 여정을 거쳤을 것이다. 이 시기에 지구의 표면이 생명체에게 극도로 적대적인 환경이었기 때문이다. 대기 중 이산화탄소 농도가 높아서 온난화가 극에 달했고, 곳곳에서 화산이 폭발하여 사방에 용암이 흘러내렸으며, 무엇보다도 42억 년 전부터 약 4억 년 동안 후기 운석 대충돌기를 겪으면서 지구 전체가 거의 초토화된 상태였다. 과연 이런 곳에서 연약한 생명체가 탄생할 수 있었을까?

1970년대 말에 오레곤주립대학교의 지질학자 잭 콜리스Jack Corliss와 그의 동료들은 앨빈Alvin이라는 심해 잠수정을 이용하

---

* 최초의 생명체가 발생한 곳으로 추정되는 유기물 혼합 용액.

여 갈라파고스 중앙해령(두 개의 거대한 지질구조판이 만나는 곳)의 열수분출공hydrothermal vent*에서 살아 있는 생명체를 발견했다. 이곳은 햇빛이 전혀 들지 않는 암흑세계로 온도는 비등점보다 높고(지표면의 비등점인 100°C보다 높다는 뜻이다. 심해에서는 압력이 높기 때문에 이런 온도에서도 바닷물이 끓지 않는다) 분출된 물에는 이산화탄소, 수소, 황화수소 같은 화산기체와 각종 광물이 섞여 있는데, 이 혹독한 환경에서 박테리아와 비슷한 고세균古細菌, archaea이 발견된 것이다(고세균은 뜨거운 물을 좋아하는 내열성 세균에 속한다). 또한 이곳에서는 고세균과 박테리아를 먹고사는 서관충tube worm도 발견되었다. 심해에는 햇빛이 들지 않아서 광합성을 할 수 없기 때문에, 서관충은 화학합성을 통하여 박테리아로부터 에너지와 영양분을 얻고 있다. 잭 콜리스의 발견은 최초의 생명이 지표면의 뜨거운 열과 유독성 가스를 피해 심해에서 출현했음을 보여주었다. 바다 속에서 살려면 태양에너지를 포기해야 하지만, 이들은 맨틀에서 올라오는 미약한 열기만으로도 생명을 유지할 수 있었다. 이는 곧 태양으로부터 멀리 떨어져 있는 행성이나 위성(목성의 위성인 유로파 등)에도 생명체가 존재할

---

* 해저에서 뜨거운 물이 솟아나오는 구멍.

수 있음을 의미한다. 꽁꽁 얼어붙은 물을 화산 에너지가 녹여준다면 얼마든지 가능한 일이다.

깊은 해저면의 열수분출공에서 고세균이 발견된 후 이와 유사한 생명체가 온천, 산성 물웅덩이, 소금 사막, 극지방의 얼음 등 의외의 장소에서 잇달아 발견되면서(심지어는 사람의 창자 속에서도 발견되었다) 과학자들은 이들이 박테리아라고 생각했다. 박테리아는 지질로 이루어진 거품 안에 단순한 DNA 가닥이 들어 있는 형태인데, 고세균의 신체 구조도 이와 비슷했기 때문이다. 그러나 고세균과 박테리아는 RNA의 구조가 다르고 에너지 사용법(대사)도 다르며, 세포벽의 화학성분과 편모의 운동 방식도 다르다. 사실 이들은 비슷한 점보다 다른 점이 더 많다. 비슷한 점은 둘 다 원핵생물prokaryote*이고 집단생활을 하지 않으며, 다세포생물이 아니라는 점이다.

지표면에 사는 생명체는 예나 지금이나 직접, 또는 간접적으로 광합성에 의존해왔다. 생물학적 관점에서 볼 때 지구 역사상

---

* 진핵생물과 대립되는 개념으로, DNA가 막으로 싸여 있지 않고 분자 상태로 세포질 안에 존재하는 생물.

가장 혁명적인 사건은 생명체의 출현이고, 두 번째는 광합성의 개발이다. 지구에 생물이 번성할 수 있었던 것은 태양에너지와 급변한 대기, 그리고 광합성 덕분이었다. 많은 사람들은 광합성을 "어린 학생들도 알고 있는 기초 지식"이라고 생각하는 경향이 있는데, 사실은 지금도 새로 발견되는 내용이 있을 정도로 공정이 복잡하다. 지금부터 광합성의 진행 과정을 몇 단계로 나눠서 살펴보자. 태양으로부터 날아온 광자가 엽록소 같은 색소를 포함한 세포에 도달하면 광자의 에너지가 물 분자를 '전자가 제거된 수소 원자(양성자)'와 '산소'로 분해한다. 이들이 바로 광합성의 부산물이다. 수소 원자로부터 제거된 자유전자는 일종의 에너지 교환권으로, ATP와 같은 세포 에너지 운반체를 만드는 데 사용되며, 저장된 에너지의 일부는 대기에서 취한 이산화탄소의 산소 원자 1개를 수소 원자 2개와 교환하여 최종 산물인 포도당을 만드는 데 사용된다. 또한 포도당은 탄소가 수소와 전자를 공유하는 대신 탄소 혼자 더 많은 전자를 차지하도록 유도하여 이산화탄소를 유기물로 환원시킨다(여기서 환원이란 산소를 잃거나 수소와 결합하는 것을 의미한다. 산소는 덩치가 크면서 전자를 좋아하는 반면, 수소는 덩치가 작고 산소만큼 전자를 좋아하지 않는다). 이런 식으로 산소가 많이 제거될수록 더 많은 탄소가 환원되고(이 부분은 나중에 다시 언급할 것이다), 저장되는 에너지도 많아진다.

그래서 지표면에 번성한 최초의 생명체는 남세균藍細菌, cyano-bacteria과 비슷한 광합성 세균이었다(남세균을 흔히 남조류藍藻類, blue-green algae라고도 하는데, 조류는 세균(박테리아)이 아니므로 적절한 명칭은 아니다). 지구에서 가장 오래된 화석인 스트로마톨라이트stromatolite는 광합성 세균 집단이 석회화되어 단단하게 굳은 것이다. 이 미생물들은 광합성을 통해 이산화탄소와 물을 포도당으로 변환하고, 부산물로 산소를 방출했다. 산소는 반응성이 매우 높은 기체여서 대부분의 원소와 쉽게 결합하는 경향이 있다(단, 염소나 불소처럼 산소보다 반응성이 높은(전자를 잘 훔치는) 원소는 예외이다). 그러므로 광합성을 하는 생명체에게 산소는 독가스나 다름없다. 사람으로 친다면 1차 세계대전 때 살상용으로 살포되었던 염소가스와 비슷하다.

최초의 생명체가 등장한 후 한동안은 대기 중 산소 농도가 그리 높지 않았고, 그나마 있는 것도 육지나 바다에서 철이나 철을 함유한 광물과 반응하여 산화철로 변했다. 즉 초기의 산소에 의한 부작용이란 기껏해야 철을 녹슬게 하는 정도였다. 그러나 약 20억 년이 지난 후에는 더 이상 녹슬 철이 남지 않았고(이들이 쌓인 지역을 호상철광층Banded Iron Formation이라 하는데, 현대의 주요 철광은 대부분 이 지역에 위치하고 있다), 이 무렵부터 산소는 대기 중에 축적되기 시작했다. 현재 대기 중 산소 농도는 약 20%에 달한다.

대기 중 산소 농도가 일정하게 유지되고 있는 것은 생명 활동을 통해 만들어진 유기물(포도당, 지방, 메탄가스 등)이 산소와 반응하여 이산화탄소와 물로 변환되기 때문이다. 화학에서는 이런 경우를 정상상태定常~, steady state라 한다. 즉 광합성에서 생성된 산소가 역반응을 통해 소진되는 소모량과 균형을 이루었다는 뜻이다. 앞에서 말한 바와 같이 광합성을 거꾸로 진행하여 균형에 도달하는 방법 중 하나는 불을 지르는 것이다. 불은 물질에 저장되어 있는 태양에너지를 열과 빛으로 변환시킨다. 또 한 가지 방법은 우리가 매일같이 실행하고 있다. 인간을 비롯한 호기성 생물은 포도당과 지방을 산소와 반응시켜서 이산화탄소와 물을 만들어낸다. 호기성 생물의 선조들은 박테리아와 비슷한 구조로 출발했다가 햇빛이 부족할 때 산소로 포도당을 태워서 에너지를 충당하는 쪽으로 진화했다. 결국 대기 중 산소 농도는 식물의 광합성과 동물의 호기성 대사가 균형을 이루면서 안정한 값을 유지하게 된 것이다.

오늘날 대기에 섞여 있는 산소의 양은 실로 어마어마하다. 백

분율로는 약 20%이고, 무게로는 거의 10억×10억kg(10^{18}kg)이나 된다. 그렇다면 이 많은 산소와 균형을 이루는 거대한 유기물 저장소(광합성의 산물인 포도당 저장소)가 지구 어딘가에 존재할 것이다(포도당을 흔히 '유기탄소'라고 하는데, 모든 탄소가 유기물로 취급되는 것은 아니다. 예를 들어 탄산염을 구성하는 탄소는 무기물에 속한다). 이 유기물의 대부분은 대기와 닿지 않는 곳에 숨어 있다. 그렇지 않으면 다양한 방법으로 산소와 반응하여 이산화탄소로 변할 것이기 때문이다. 지구의 유기물 저장소는 깊은 바다 속 해저면이나 산이 침식되면서 형성된 퇴적층 밑에 있다. 오늘날 이곳에 저장되어 있는 유기물의 양은 생태계에 존재하는 유기물보다 수천 배나 많다. 사실 생태계는 아주 작은 시스템으로, 산소의 생산량과 소비량이 거의 균형을 이룬 상태이다.

호기성 생물이 호흡을 통해 포도당으로부터 에너지를 얻는 방법에 대해 몇 가지 짚고 넘어갈 것이 있다. 포도당(또는 탄화수소)이 산소와 반응하면 유기탄소에 포함된 고에너지 전자들이 산소 원자 쪽으로 이동하여 낮은 에너지 준위로 떨어지면서, 여분의 에너지를 열이나 빛의 형태로 방출한다. 또는 포도당이 호기성 생물의 신진대사에 사용될 때는 유기탄소의 전자들이 선천적으로 전자를 좋아하는 산소에 유입되어 전기적 위치에너지를 생산하고, 이 에너지는 ATP에 저장되었다가 세포 가동용 에너지로 사용된다. 이 모든 과정에서 포도당에 저장된 에너지의 일부는 ATP 생산에 투입되지 않고 열의 형태로 외부로 방출되는데, 온혈동물의 체온이 따뜻하게 유지되는 것은 바로 이 열 덕분이다. 포도당이 산소와 반응하건, 또는 호기성 대사에 사용되건 간에, 산소가 전자를 확보하면 그 부산물로 이산화탄소와 물이 생성된다.

대기의 80%를 차지하는 질소는 지금까지 언급한 생물학적 기본 단위의 저장소 역할을 하고 있다. 그러나 질소는 다른 원소와 반응을 잘 하지 않기 때문에 주로 생명체가 이용할 수 있는 질소 화합물로 변환되는데, 이것을 '질소고정nitrogen fixation'이라 한다. 바다와 토양에 서식하는 박테리아나 고세균은 질소를 이용하여 암모니아를 만들고, 식물은 이로부터 아미노산을 합성하고 있다. 물론 인간은 질소를 대기 중에서 얻지 않는다(그러나 인간은 비료의 덕을 톡톡히 보고 있다. 비료는 대기 중 질소를 고정해 식물에 공급함으로써 수확량을 증대시켜준다. 이 사실을 최초로 발견한 독일의 과학자 프리츠 하버Fritz Haber는 1918년에 노벨화학상을 받았다).

생명체가 처음 등장한 후 지구의 생태계는 거의 10억 년 동안 박테리아나 고세균 같은 단세포 원핵생물의 세상이었다. 복잡한 세포(동물과 식물, 그리고 균류, 아메바, 짚신벌레같이 복잡한 단세포생물)가 등장한 것은 지금으로부터 약 20억 년 전이었는데, 이것을 진핵세포眞核~, eukaryote cell라 한다. 진핵세포는 원핵세포와 달리 세포골격으로 지탱되는 막膜, membrane 안에 세포핵과 DNA가 갇혀 있고, 세포의 가능을 수행하는 다양한 세포기관을 갖고 있다. 또한 진핵세포는 모양을 자유롭게 바꿀 수 있으며, 다른 생명체를 잡아먹음으로써 영양분을 얻는다. 이런 호전적인 생명체가 어떻게 탄생할 수 있었을까?

진핵세포의 기원을 설명하는 가장 그럴듯한 이론은 '세포내공생설細胞內共生說, endosymbiosis'이다. 이 이론에 의하면 2개의 원핵세포가 한 몸이 되어 진핵세포로 진화했다(하나가 다른 하나를 잡아먹었을 수도 있고, 약한 상대를 침범했을 수도 있다. 그러나 두 경우는 구별이 모호하기 때문에 굳이 구별할 필요는 없다). 아마도 이 과정은 고세균이 박테리아를 흡수하거나 그 반대로 진행되었을 것이다. 간단히 말해서, 두 생명체 사이에 공생이 시작된 것이다. 예를 들어 산소로 포도당을 만들어서 에너지를 얻는 호기성 세균은 산소를 싫어하는 고세균에게 최상의 파트너가 될 수 있다. 또는 광합성 세균이 큰 세포 안에서 포도당을 생산하면 세균과 숙주에게 모두 이득이 된다. 이와 같은 공생 조합은 진핵생물에게 커다란 이점으로 작용하여 생태계에서 더욱 확고한 입지를 굳히게 된다.

진핵세포 안에 있는 세포기관 중 일부는 공생을 통해 형성되었다. 사람의 세포 안에 들어 있는 미토콘드리아mitochondria가 대표적 사례이다. 외형상 박테리아와 거의 동일한 미토콘드리아는 자신만의 DNA 가닥을 갖고 있으며, 세포 안에서 에너지를 변환하는 데 핵심적인 역할을 하고 있다. 식물도 박테리아와 비슷하게 생긴 엽록체葉綠體, chloroplast를 이용하여 광합성을 수행한다. 동물이건 식물이건, 공생조합은 광합성 세균이 만들어낸 포도당과 지질, 그리고 날로 증가하는 산소를 활용하는 최선의 방법이었다. 사실 하루 종일 한 자리에 서서 햇빛을 흡수하는 것보다는 포도당과 지방처럼 이동 가능한 에너지원을 사용하는 편이 훨씬 효율적이다. 그러나 이로부터 '과시적 소비'라는 독특한 소비 행태가 시작되었으니, 현대인들은 포도당과 지방을 몸 안에 간직하는 것으로 모자라 자동차나 비행기의 연료탱크에 잔뜩 실은 채 '빠른 이동'을 시현하고 있다.

진핵생물은 다른 세포들이 효율적으로 모인 조합이기 때문에 원핵생물보다 덩치가 크고, 마음만 독하게 먹으면 얼마든지 더

커질 수 있다. 사실 진핵세포의 크기에는 한계가 없다. 이들은 모든 세포기관이 세포막의 내부에 있기 때문에 크면 클수록 더 많은 기관을 운용할 수 있다. 원핵생물은 40억 년이라는 긴 세월 동안 크기가 거의 변하지 않았는데, 주된 이유는 원핵생물의 세포기관이 세포막 위에 튜브나 펌프처럼 달려 있고 막의 내부에는 화학 용액과 그 속을 자유롭게 떠다니는 DNA밖에 없었기 때문이다. 원핵생물이 덩치를 키우면 그만큼 세포기관도 많아져야 하는데, 이것은 수학적으로 불가능하다. 반지름이 2배로 커지면 세포기관이 설치될 면적은 4배로 커지지만, 관리해야 할 내용물은 무려 8배나 많아지기 때문이다. 즉 덩치를 키우는 것은 원핵생물에게 별로 좋은 전략이 아니었다.

진핵생물이 번성할 수 있었던 또 다른 이유는 독특한 번식 방법 덕분이었다. 원핵생물은 세포분열을 통해 자신과 완전히 똑같은 복제품을 만들었기에, 40억 년 전이나 지금이나 변한 것이 거의 없다. 단세포 진핵생물도 세포분열을 통해 번식을 시도했지만, 분열할 때 파트너와 DNA를 섞었다가 나눠 갖는 감수분열을 개발하여 다양한 형질의 후손을 낳을 수 있었다. 게다가 DNA를 이런 식으로 섞으면 부모의 유전적 오류가 후손에게 전달될 확률이 크게 줄어든다(단순분열에서는 똑같은 DNA가 두 개 생기기 때문에, 유전적 오류가 후손에게 고스란히 전달된다). 이와 같이 진핵생물은 번식 과정에 '다양화'와 '오류 제어'라는 두 가지 전략을 도입하여 생태계에서 확실한 우위를 점유할 수 있었다.

다세포식물과 다세포동물은 세포집단cellular colony이 형성되던 무렵에 처음으로 탄생했다. 세포집단은 동일한 세포들이 여러 개 모인 단순 집합이고, 다세포생물은 각기 다른 임무를 수행하는 여러 개의 세포들로 이루어져 있다(우리 몸의 근육과 두뇌, 뼈, 눈 등도 다세포 유기체이다). 원핵생물이 모이면 기껏해야 사상체絲狀體, filament*나 미생물 매트microbial mat**밖에 만들 수 없지만, 단세포 진핵생물이 모이면 볼복스volvox(구형을 이룬 채 떠다니는 녹조류 집단. 이 장의 첫 부분에 실린 사진 참조)나 점균류粘菌類, lime mold와 같이 다양한 집단을 구성할 수 있다. 그러므로 단세포 진핵생물이 다세포 유기체로 업그레이드된 것은 진화론적 관점에서 볼 때 당연한 수순이었다. 여러 개의 세포들이 모여서 군집을 이뤘을 때 태양에너지를 흡수하는 능력은 주로 표면에 있는 세

---

* 일렬로 배열된 세포들.

** 미생물이 보존되어 있는 암석층.

포들의 능력에 의해 좌우되며, 안에 있는 세포들은 에너지보다 영양분과 물을 흡수하는 데 집중하는 편이 더 유리하다(최초의 순환계도 이런 식으로 탄생했을 것이다). 이와 같이 하나의 집단 안에서도 각 위치마다 환경이 다르기 때문에, 각 세포들은 자신의 임무에 맞게 특화되는 쪽으로 진화했다. 예를 들어 무리를 이동시키거나, 먹이를 찾거나, 포식자를 빨리 발견하고 피하는 것은 주로 바깥쪽에 자리 잡은 세포들의 몫이었을 것이다.

그러나 다세포생물이 등장할 때까지는 매우 오랜 시간이 소요되었다. 6억 4천만 년 전까지만 해도 지구의 생태계는 단세포생물의 천국이었고, 6억 4천만 년~5억 4천만 년 전에(이 시기를 에디아카라기Ediacaran라 한다) 나뭇잎이나 튜브처럼 생긴 생명체가 등장했다가 얼마 지나지 않아 멸종했다. 그후 약 5억 4천만 년 전부터 다세포생물이 바다 밑에서 다양한 형태로 출현하기 시작했는데, 대부분은 눈에 띄지 않을 정도로 작았고 그나마 눈에 띄는 것들도 그다지 친밀한 모습은 아니었다(대부분이 전갈이나 지네, 또는 게와 비슷했다).

이 시기를 '캄브리아 폭발기'라 한다. 또한 이 시기는 생명체의 화석이 처음 발견된 시기이기도 하다. 대부분의 생명체들이 딱딱한 껍데기나 외골격을 갖고 있어서 보존에 유리했기 때문이다. 그러므로 언뜻 생각하면 캄브리아기 전에 무척추동물이 존재했다 해도 화석이 남아 있지 않으니 알 수가 없을 것 같다. 그러나 다행히도 현대 고생물학은 화석이 없어도 바위에 남아 있는 생물학적 흔적을 추적하여 원시 생명체의 존재를 확인할 수 있다. 실제로 캄브리아기 폭발이 일어나기 전에 형성된 퇴적층(지금은 바위로 굳어졌다)에는 생명체들이 땅을 파거나 버둥거린 흔적이 곳곳에 남아 있다(이것을 생물교란bioturbation이라 한다). 그러나 이 흔적도 캄브리아 폭발기부터 갑자기 많아진 것을 보면, 이 시기에 생명체의 종류가 급격하게 증가했음이 분명하다.

이 무렵에 생명체들이 입고 있던 단단한 외피의 성분은 주로 탄산염광물이었다. 아마도 이 시기에 화산활동이 활발하여 대기 중 이산화탄소 농도가 높아졌기 때문일 것이다(그 덕분에 지구는 눈덩이에서 벗어날 수 있었다. 6장 참조). 그후 이산화탄소는 바다에 녹거나 광물 풍화 작용을 통해 흡수되었고, 이것이 생명체 외피의 재료가 되었을 것으로 추정된다. 지구가 눈덩이에서 벗어나지 못했다면 생명체가 급증할 수 없었을 것이므로, 결국 캄브리아 폭발은 이산화탄소가 주도한 셈이다. 지난 4억 년 동안 동물과 식물은 대륙을 정복했을 뿐만 아니라, 생명체가 살아갈 수 있는 모든 구석으로 퍼져 나갔다. 그러나 캄브리아 폭발기는 46억 년 지구 역사의 10%에 불과했고(이 시기를 현생대Phanerozoic라 한다), 대부분의 시기는 미생물의 세상이었다.

지구에 생물이 등장한 후로 대기 중 산소 농도는 꾸준히 높아졌고, 다량의 태양에너지가 포도당과 지방 등 유기물 속에 저장되었다. 앞서 말한 대로 유기물의 대부분은 퇴적층이나 해저면 아래에 묻혔는데, 이들 중 화석으로 남은 것은 극히 일부에 불과하다. 유기물이 화석으로 보존되려면 적절한 온도와 압력하에서 포도당 분자가 산소를 잃고 탄소로 환원되어야 한다(여기서 환원이란 산소 원자가 들러붙을 수 있도록 전자를 획득했다는 뜻이다). 땅속에 묻힌 유기물이 이런 과정을 거치면 석유가 되거나 수소와 탄소만으로 이루어진 탄화수소가 되고, 지질구조판이 위로 떠오르거나 해수면이 낮아지면 육지의 일부가 된다. 텍사스에서 와이오밍에 이르는 미국의 서부 지대는 공룡이 살아 있을 때까지만 해도 바다였으나, 지질구조판이 융기하면서 육지로 변했다. 나무나 습지 등의 유기물이 땅속에 묻혔다가 적절한 조건에서 환원되면 순수한 탄소로 이루어진 석탄이 된다(습지가 땅속에 묻히면 석탄의 초기 단계인 이탄泥炭, peat이 되기도 한다). 현재 우리가 사용 중인 화석연료는 석유와 천연가스, 석탄, 그리고 이탄이며 이들 중 석탄이 전체의 85%를 차지하고 있다. 석탄의 대부분은 식물이 대륙을 점령한 후인 약 3억 년 전에 생성된 것이다(이 시기를 석탄기Carboniferous라 한다. 참으로 적절한 이름이다!).

지구에는 약 4조 톤의 탄소가 화석연료의 형태로 저장되어 있다. 이 정도면 현재 생태계에 존재하는 전체 탄소(살아 있는 생물과 죽은 생물을 모두 포함해서)의 두 배가 넘는다. 지각 아래에는 화석연료의 4,000배에 가까운 1경 5천조 톤의 유기물이 묻혀 있는데, 아직 충분히 숙성되지 않은 데다가 지금의 기술로는 닿을 수 없을 정도로 깊이 묻혀 있기 때문에 그림의 떡에 불과하다. 지질학자들은 이것을 케로진kerogen이라 부른다. 케로진은 탄소를 보관하는 주요 저장소 중 하나지만, 거기에 저장되어 있는 무기물탄소는 해저면과 육지에 저장되어 있는 양의 1/4밖에 안 된다. 탄산염광물과 케로진은 한때 원시 대기에 섞여 있던 이산화탄소의 대부분을 흡수하여 지구가 금성처럼 뜨거워지는 것을 막아주었다. 케로진 저장소는 규모가 엄청나게 크기 때문에, 그들 중 일부가 적절한 온도와 압력에서 숙성된다면 미래의 인류는 연료 걱정을 하지 않아도 될 것이다.

화석연료에 포함된 탄소와 탄화수소에는 산소가 없기 때문에 산소와 쉽게 반응하는 물질들이 고스란히 남아 있다. 즉 이들은 포도당보다 훨씬 좋은 에너지원이다. 어떤 면에서 보면 화석 연료는 광합성에서 포획된 태양에너지뿐만 아니라, 포도당을 환원시키는 데 사용되는 지열地熱 에너지까지 간직하고 있는 셈이다. 캄브리아기에 생성된 생물학적 결과물을 모두 잊는다 해도, 지구에는 수억 년 동안 쓰고도 남을 엄청난 에너지가 저장되어 있다. 이 값싸고 운반 가능한 에너지원 덕분에 인류는 문명을 일으키고 각종 기술을 활용할 수 있었다. 그러나 현대에 이르러 에너지 소모량이 급격하게 증가하는 바람에 지구의 서식 가능성이 심각한 위협을 받고 있다.

8

인류와 문명

인류는 최초의 다세포생물이 탄생하고 수억 년이 지난 후에야 비로소 등장했다. 생태계의 짬밥으로 따지면 까마득한 신참이다. 그러나 지구의 역사를 논하는 주체가 바로 이 신참들이기 때문에 공정한 관점으로 평가하기가 쉽지 않다. 미생물은 수십억 년 동안 지구를 지배했는데도 별 다른 관심을 끌지 못하는 반면, 공룡은 지구에 살다 간 기간이 기껏해야 5천만 년에 불과한데도 폭발적인 인기를 누리고 있지 않은가. 이런 편견을 줄이기 위해 잠시 과거사를 돌아보자. 사실 인류의 조상은 공룡 시대에도 살고 있었다. 다만 이 시절에는 공룡이 출몰하지 않는 구석에 숨어서 조그만 설치류의 형태로 살았을 뿐이다(주로 야행성이거나 지하에서 살았다). 집채만 한 공룡들이 세상을 호령하던 시대에 그 보잘것없는 설치류가 훗날 지구의 주인이 되리라고 어느 누가 상상이나 했겠는가? 그러나 6,500만 년 전에 유카탄반도에 직경 10km짜리 소행성이 떨어진 후로 전세가 완전히 뒤집혔다. 먹이를 찾지 못한 공룡들이 연달아 죽어나가면서 조그만 설치류가 지구를 접수한 것이다. 이들은 구석진 생태계를 벗어나 햇빛이 쪼이는 들판으로 진출했고, 풍부한 먹이를 바탕으로 점차 덩치를 키워나갔다. 2천만 년 전에 중앙아시아에 살았던 인드리코테리움Indricoterium('파라케라테리움Paracera-terium' 또는 '발루치스탄의 괴물Beast of Baluchistan'로 불리기도 한다)은 지구에 살다 간 가장 큰 포유류로, 뿔은 없지만 코뿔소의 선조로 알려져 있는데 코뿔소보다 훨씬 크고 목이 긴 것이 브라키오사우르스Brachiosaurus 같은 용각류 공룡*과 비슷하게 생겼다(현생동물 중에는 기린이 용각류 공룡에 제일 가깝다).

공룡과 동시대에 살았던 일부 소형 포유동물들은 열대우림의 나무 위에서 살았다. 나무 위로 올라가면 포식자의 공격을 받을 염려가 없고 나뭇잎과 과일, 곤충 등 풍부한 먹이를 얻을 수 있기 때문이다. 모든 영장류의 선조는 아마도 공룡이 멸종하던 무

---

* 초식 또는 잡식성 공룡.

럽에 등장한 나무두더지tree shrew일 것이다. 이들은 손가락과 발가락으로 물건을 쥘 수 있었고 안구 근처의 골격 구조가 특이했으며, 주로 과일을 먹고 살았다. 아프리카와 동아시아, 그리고 아메리카 등지에 서식했던 꼬리 없는(또는 짧은) 원숭이는 꼬리가 긴 원숭이류(개코원숭이, 여우원숭이, 붉은털원숭이, 히말라야원숭이 등)로부터 약 3천만 년 전에 분화된 것으로 추정된다.

그후 꼬리 없는 원숭이의 가계는 대략 1,800만 년 전에 대형 유인원과 소형 유인원으로 분리되었으며, 대형 유인원은 오랑우탄, 고릴라로 분리된 후 700만 년 전에 최종적으로 침팬지와 인간으로 분리되었다. 방금 열거한 네 종류의 속屬, genus(생물분류법에서 종種, species의 바로 윗 단계에 해당하는 범주)은 지금도 생존하고 있는데, 오랑우탄과 고릴라, 그리고 침팬지는 두 개의 종으로 분화된 반면(예를 들어 침팬지속은 침팬지종과 보노보bonobo종으로 구분된다), 인간은 호모 사피엔스Homo sapiens라는 한 가지 종만 존재한다.

일반적으로 대형 유인원은 그들의 조상과 달리 나무 위에서 보내는 시간이 그리 길지 않다. 또한 이들은 이름이 말해주듯이 덩치가 크고 지능도 높은 편이다. 나무 위에서 사는 동물들은 항상 나무를 쥐고 있어야 하기 때문에 사지가 자유롭지 않았으나,

이들이 땅으로 내려온 후로는 앞발이 자유로워지면서 나뭇가지로 음식을 찾는 등 사물을 다루는 기술이 크게 향상되었으며, 이것은 진화의 역사에서 커다란 장점으로 작용했다. 결국 대형 유인원 중 앞발을 하늘로 치켜들었던 인간은 경쟁자들을 모두 물리치고 먹이사슬의 정점에 오르게 된다.

진화의 역사에서 수천만 년 사이에 유인원이라는 종을 분화시킨 원동력은 과연 무엇이었을까? 앞서 말한 대로 지구는 지난 5천만 년 동안 기온이 서서히 내려갔지만 3천만 년 전부터 1,500만 년 전 사이에는 기후가 전체적으로 따뜻해지면서 아프리카와 아시아에 열대우림이 형성되었다. 아마도 나무 타기를 좋아하는 소형 포유류에게는 최적의 서식지였을 것이다. 그러나 1,500만 년 전부터 다시 추워지기 시작하여 나무를 기반으로 한 서식지는 대부분 사라졌다.

환경의 변화에는 '움직이는 지질구조판'도 한몫했다. 6장에서 말한 바와 같이 대륙 이동은 해류의 방향을 바꾸고 히말라야산맥을 만들었으며, 5천만 년에 걸친 냉각기를 초래했다. 3천만 년 전에는 아프리카대륙이 유라시아대륙과 충돌한 후 바다를 서서히 에워싸면서 테시스해Tethys*와 파라테시스해Paratethys**가 형성되었고, 이로 인해 해안의 열대 생태계는 건조한 기후로 변했다. 게다가 이 무렵에 아프리카 동부와 홍해의 리프트 밸리Rift valley가 균열되어 뜨거운 맨틀과 지각이 상승하면서 지대가 높아졌다(동아프리카 지구대는 지금도 갈라지는 중이며, 앞으로 수천만 년이 지나면 대륙 전체가 갈라져서 새로운 운하가 생길 것이다). 일반적으로 땅이 융기되면 기후는 춥고 건조해진다. 동아프리카 지구대는 곳곳에 깊은 계곡과 성층화산成層~, stratovolcano*을 형성하는 등 환경에 큰 변화를 초래하였으며, 그 덕분에 동물들은 은밀한 서식지를 찾아 안전한 삶을 이어갈 수 있었다.

차가워진 기온과 융기된 땅은 아프리카의 열대우림을 사바나savannah(초원)로 바꾸었고, 바로 이런 환경에서 1,500만 년 전에 마지막 호미니드Hominid**가 분화되었다. 간단히 말해서, 이 모든 변화가 우리의 선조를 나무에서 땅으로 내려오게 만든 것이다. 삶의 터전을 나무 위에서 땅으로 옮긴 우리 조상들은 나뭇가지를 움켜잡았던 엄지손가락을 다른 용도로 쓸 수 있게 되었으며, 손가락의 섬세한 사용은 훗날 두뇌의 발달로 이어졌다. 물론

---

* 현재의 지중해를 포함하여 소아시아와 히말라야를 거쳐 남중국 및 동남아시아까지 연결되어 있던 고대의 바다. 지금은 지중해로 축소되었음.

** 알프스 북쪽의 중앙유럽에서 중앙아시아의 아랄해까지 이어졌던 고대의 바다.

* 작은 바위 조각과 용암이 교대로 층을 이루면서 형성된 화산.

** 인류의 조상, 대형 유인원,

이것은 아프리카에 국한된 변화였지만, 아프리카와 유라시아대륙 사이에 있던 테시스해가 작아지면서 육로가 형성되어, 호미니드를 포함한 여러 포유동물들이 아시아로 진출할 수 있었다.

최근 연구 결과에 의하면 인간과 침팬지는 지금으로부터 약 700만 년 전에 진화나무에서 분화되어 각자의 길을 가기 시작했다. 아프리카 차드Chad에서 발견된 초기 인류의 화석 사헬란트로푸스 차덴시스Sahelanthropus tchadensis가 이 사실을 입증한다. 인간(호모속屬에 속하는 종들 중 지금까지 살아남은 종은 인간뿐이다)이 침팬지와 작별을 고하게 된 결정적 계기는 직립보행이었다. 대형 유인원도 두 발로 걷긴 했지만 항상 그런 것은 아니었다. 사실 직립보행은 그다지 안정한 자세가 아니다. 발가락과 발바닥이 균형을 맞추지 못하면 곧바로 쓰러지기 때문이다. 사지四肢를 가진 동물은 네 발을 땅에 디딘 채 걷는 것이 가장 안정적이며, 포식자를 피해 달아날 때에도 네 발로 뛰는 것이 훨씬 빠르다(네 발로 뛰면 다리 근육뿐만 아니라 몸통의 근육까지 앞으로 나아가는 데 활용할 수 있다). 그런데도 호모 사피엔스가 굳이 직립보행을 택한 이유는 과연 무엇일까?

직립보행의 기원에 대해서는 다양한 가설이 제시되어 있는

데, 그중 몇 가지만 소개하면 다음과 같다. 첫째, 음식을 손으로 운반하면 많은 이득을 볼 수 있다. 기린처럼 키가 커서 높은 곳의 음식을 먹을 수 있는 것도 큰 장점처럼 보이지만, 이런 동물은 음식을 오직 입안에만 보관할 수 있기 때문에 배가 고프면 또다시 먹이를 찾아나서야 한다. 그러나 음식을 손으로 운반하면 은밀한 곳에 저장해놓을 수 있으므로 끼니때마다 돌아다닐 필요가 없다(나무 꼭대기에 음식이 매달려 있다면 기어 올라가면 된다). 둘째, 두 발로 서면 먼 곳까지 볼 수 있으므로 포식자를 피하고 음식을 찾는 데 훨씬 유리하다. 곰이나 미어캣 등 평소에 네 발로 걷는 동물들도 먼 곳을 바라볼 때는 두 발로 일어선다. 셋째, 두 발로 서서 양팔을 휘두르면 몸집이 실제보다 커 보이기 때문에 상대방을 위협하여 우위를 점하거나 더 좋은 짝을 만날 수 있다. 인간과 사촌지간인 고릴라가 대표적 사례이다.

직립보행은 체온을 유지하는 데에도 유리하다. 두발로 서면 공기와 닿는 피부 면적이 넓어져서 땀의 증발량이 많아지고, 열을 식히는 데도 그만큼 유리하다(바람과 닿는 면적도 커진다). 영장류와 말과 같은 일부 포유동물은 땀으로 체온을 유지하는데, 사실 이것은 매우 탁월한 전략이다. 일반적으로 액체가 증발할 때는 기화열에 해당하는 에너지가 함께 달아나는데, 물(땀)은 기화

열이 매우 큰 액체여서 냉각 효과가 뛰어나다. 고양이와 개는 땀 대신 숨을 헐떡이면서 체온을 조절하는데, 이것은 몸에서 발생한 열을 외부의 차가운 공기와 맞바꾸는 행동에 불과하기 때문에 별로 효율적이지 않다. 그래서 고양이와 개는 먼 거리를 뛰지 못한다. 장거리 경주에는 사람이나 말이 단연 유리하다. 게다가 다른 동물의 땀에는 기름기가 섞여 있는 반면, 사람의 땀은 거의 물에 가깝기 때문에 냉각에 매우 효율적이다. 그러나 땀이 제 기능을 발휘하려면 기후가 따뜻하고 건조해야 한다. 공기가 뜨거우면서 다량의 수증기를 머금고 있으면 땀이 증발하지 않고 그냥 흘러내리기 때문에 불쾌감만 커진다(대기 중 수증기가 포화 상태에 도달하면 물이 더 이상 증발하지 않는다. 그래서 사람들은 축축하면서 더운 날을 끔찍하게 싫어한다).

우리가 땀으로 체온을 조절하게 된 이유 중 하나는 호모 사피엔스가 빙하기에 태어났기 때문이다. 대기가 뜨겁고 습했던 5천만 년~3천만 년 전에 태어났다면 다른 방식으로 체온을 조절했을 것이다. 사람의 땀은 춥고 건조한 날씨에 제 기능을 발휘할 수 있다. 만일 인간의 사회활동이 온난화를 초래한다면 땀의 기능은 그만큼 저하될 것이다. 다른 질병에 비하면 별로 대수롭지 않은 문제 같지만, 가장 위협적인 기상 현상은 허리케인이나 토네이도가 아니라 "장기간에 걸친 폭염"이다.

기원이야 어찌되었건, 우리 선조들은 직립보행 덕분에 자유로워진 손으로 도구를 다룰 수 있게 되었고 포식자를 좀 더 쉽게 피할 수 있었으며, 음식을 얻기도 쉬워졌다(사냥에서 농업으로 전환했다). 특히 손을 사용한 것은 진화적으로 유리한 고지를 점하는 결정적 계기가 되었다. 화석 증거에 의하면 지금으로부터 약 2,500만 년 전에 인류의 두뇌가 갑자기 커졌는데, 이 현상을 설명하는 가설 중 하나는 다음과 같다. 유인원의 턱을 움직이는 근육은 두개골 위쪽의 시상능矢狀稜, sagittal crest*이라는 부위와 연결되어 있는데, 이 근육이 유난히 약한 쪽으로 변이가 일어나서 두개골이 커지는 쪽으로 진화했다는 것이다. 이 무렵에 석기를 사용했던 호모 하빌리스Homo habilis는 그들의 선조보다 확실히 큰 두뇌를 갖고 있었다. 또한 석기를 사용하면서 사냥과 농사가 훨씬 쉬워졌고, 음식을 자르고 잘게 부술 수 있었기에 약해진 턱에도 불구하고 질긴 고기를 먹을 수 있었다.

논쟁의 여지가 없는 것은 아니지만, 불을 사용한 최초의 인간

* 두개골의 두정부에서 앞뒤 방향을 따라 뻗어 있는 칸막이 모양의 뼈.

은 약 200만 년 전에 등장한 호모 에렉투스Homo erectus였다. 아프리카와 유라시아에서 발견된 화장火葬의 흔적은 인류가 100만 년쯤 전부터 불을 다스려왔음을 보여준다. 불이 인류의 삶에 혁명적 변화를 불러온 데에는 몇 가지 이유가 있다. 첫째, 열원을 휴대하고 다니면 추운 환경에서도 안락한 서식지를 만들 수 있으므로 서식지의 범위가 크게 넓어진다. 둘째, 음식을 불에 데우면 섬유질이 많은 단백질과 단단한 식물을 소화시킬 수 있고, 음식에 들어 있는 미생물과 기생충도 제거할 수 있다. 결국 인간은 '조리법'을 개발함으로써 자연선택의 유리한 고지를 점유하게 된 것이다. 날 음식을 좋아하는 인간들은 병에 걸리기 쉽고 음식을 빠르게, 많이 먹을 수 없었기에 진화 경쟁에서 자연스럽게 도태되었다. 그후로 불은 조리뿐만 아니라 농지를 개간하고, 도기를 만들고, 더 나은 도구를 생산하는 데 사용되다가 결국은 인력人力 없이 작동하는 기계의 에너지원으로 주목받게 된다.

아마도 불의 사용은 인류가 농사를 짓기 전에 마지막으로 찾아온 혁명일 것이다. 호모 에렉투스는 5만 년 전에(또는 더 일찍) 사라졌고, 20만 년 전에 네안데르탈인Neanderthals과 현생인류인 호모 사피엔스가 등장했다. 그러니까 20만 년 전부터 5만 년 전까지는 세 종족이 함께 살았던 셈이다. 이들 중 네안데르탈인은 유럽과 서아시아로 퍼져 나가 추운 날씨를 불로 버티다가 약 3만 년 전에 멸종했다. 호모 에렉투스와 네안데르탈인은 호모 사피엔스와의 경쟁에서 탈락했거나, 유전적으로 흡수되었을 수도 있다(현대인의 유전자에는 네안데르탈인의 유전자가 일부 남아 있다). 그러나 이 무렵에 거대 포유류의 대부분이 인간의 손에 의해 멸종했다. 다른 종의 씨를 말리는 기술은 인간이 단연 챔피언이다. 이 분야에서 인간을 따라올 동물은 과거에도 없었고 지금도 없으며, 앞으로도 없을 것이다.

도구와 불을 사용하기 시작한 후로, 인간은 자연선택을 통해 신체 구조를 바꾸는 대신 환경을 자신에게 알맞게 뜯어고치면서 살아왔다. 물론 자연선택이 전혀 없었던 것은 아니다. 예를 들어 피부에서 자외선을 흡수하는 멜라닌 색소의 양은 햇빛의 강도에 따라 달라진다. 그러나 인간이 북실한 털과 두꺼운 지방층 없이도 척박한 환경에서 살 수 있었던 것은 누가 뭐라 해도 불 덕분이었다. 불이라는 막강한 도구가 자연선택의 냉혹한 현실로부터 인간을 보호해준 것이다. 그후로 인간은 불 이외의 온갖 기술을 동원하여 자연선택을 피해왔는데, 그중에서 가장 강력한 기술은 단연 '현대의학'이었다.

지구는 지난 1,500만 년 동안 마지막 한랭기를 겪으면서 몇 차례의 짧은 빙하기와 간빙기*를 거쳤다. 마지막 장기 빙하기는 260만 년 전부터 120만 년 전까지 약 140만 년 동안 계속되었는데(이 시기는 홍적세에 포함된다), 그 와중에도 수천 년에 걸친 간빙기가 몇 차례 있었다. 홍적세에 북극의 빙하는 북아메리카 남부와 유라시아까지 퍼져 나가 미국의 중서부와 뉴욕주의 남쪽 끝까지 얼음으로 덮여 있었으며, 캐나다에서 시작된 빙하는 지금의 롱아일랜드까지 이어져 얼음 퇴적물을 잔뜩 쌓아놓았다. 이 기간 동안 지구에는 호모 에렉투스와 네안데르탈인, 그리고 호모 사피엔스가 각자 나름대로 생존 기술을 개발하면서 공존하고 있었다. 육지에 얼음이 두껍게 덮이면 해수면이 낮아지면서 바다에 잠겨 있던 육로가 모습을 드러낸다. 아프리카에서 발생한 인류는 이 길을 따라 유럽과 동아시아로 진출했고, 일부는 베링 해협Bering Strait을 건너 아메리카대륙에 도달했다. 그리하여 빙하기가 끝날 무렵, 유일하게 살아남은 호모 사피엔스는 주요 대륙 곳곳에 삶의 터전을 이미 확보한 상태였다.

그후 12,000년 전부터 기후가 온화해지기 시작하여 5,000년

* 빙하기와 빙하기 사이에 끼어 있는 비교적 따뜻한 시기.

전에 정점을 찍었고, 바로 이 무렵에 다양한 형태의 농업이 시작되었다. 기온이 높으면 물의 순환(증발과 강우)이 활발하게 진행되어 수확량이 많아지고, 굳이 인간이 개입하지 않아도 생물학적 생산량이 증가한다. 그래서 이 무렵에 인간은 식물을 재배하고 동물을 사육함으로써 충분한 식량을 확보할 수 있었다. 또한 추울 때는 숲에 불을 질러서 농경지를 확보하고, 날카로운 석기로 땅을 경작했다(금속제 도구는 청동기시대가 시작되는 5,000년 전부터 등장한다). 농사를 시작한 후로는 여러 사람들이 집단을 이루고 살았는데, 초승달지대Fertile Crescent*를 포함한 중동 지역의 주식은 밀이었고 동아시아는 쌀, 아메리카는 옥수수였다. 농경사회는 땅이 넓을수록 수확량이 많고 이동 인구가 적었기 때문에 수렵이나 유목생활을 하던 때보다 인구가 빠르게 증가했고, 영토를 보존하기 위해 역사상 최초로 '지주地主'와 '군대'의 개념이 탄생했다. 그런데 농경민과 수렵인들 사이에 충돌이 일어나면 어느 쪽이 유리했을까? 언뜻 생각하면 수렵인들이 싸움에 능할 것 같지만 사실은 그 반대다. 농경민들은 싸움에서 지면 삶의 터전을 통째로 잃기 때문에 훨씬 절박한 입장이었고, 이런 일을

---

* 메소포타미아에서 나일강 유역에 이르는 초승달 모양의 지역.

당하지 않기 위해 항상 준비를 철저히 했다.

화석연료를 사용하기 한참 전에, 농업은 지구 역사상 최초로 인간에 의한 기후변화를 초래했다. 당시에는 농지를 확보하기 위해 숲 전체를 통째로 태우는 일이 종종 있었는데(농사 기술이 원시적이었으므로 1인당 필요한 농지 면적이 지금보다 훨씬 넓었을 것이다), 여기서 발생한 이산화탄소를 흡수하기에는 농지의 면적이 너무 좁았다. 게다가 아시아에서는 쌀 수확량이 최고조에 달했던 7,000년 전쯤에 온실가스인 메탄이 대량으로 방출되어 일시적인 온난화를 초래했다(논은 습지이기 때문에 곡물이 부패하면 습지가스swamp gas를 방출한다). 1만 2,000년~8,000년 전까지 계속된 온난화는 일종의 간빙기였으며, 지구는 그후에 또 다른 빙하기를 맞이할 운명이었다. 그러나 농사를 지으면서 나타난 온실효과가 빙하기를 뒤로 늦추었고, 이 '버티기 형국'은 화석연료를 맹렬하게 태우는 지금까지 계속되고 있다.

농경사회가 자리를 잡을 무렵, 사람들의 지위는 장인匠人에서 육체노동자에 이르는 '일하는 자'와 그들을 통제하는 '다스리는 자'로 나뉘었다. 또한 관개시설과 수원水源, 그리고 가장 중요한 곡창지대를 보호하기 위해 군대와 정치체계가 확립되었으며, 타인과의 소통과 거래도 중요한 이슈로 떠올랐다. 특히 역사적 사건과 기술을 기록하는 문자가 개발된 후로 인류는 비약적인 발전을 하게 된다. 기록된 정보는 사람보다 수명이 길뿐만 아니라, 이것을 기초로 하여 과거에 저질렀던 실수를 피해갈 수 있기 때문이다(파종 및 수확 시기를 잘못 맞춰서 흉년이 들거나 치수治水를 잘못하여 홍수가 났을 때, 이 사실을 자세히 기록하여 후대에 남기면 재발을 방지할 수 있다). 이 모든 발전을 토대로 지금으로부터 약 7,000년 전에 메소포타미아 남부의 수메르Sumeria(지금의 이라크 근처)에서 최초의 인류 문명이 탄생했다.

메소포타미아와 서부 및 중앙유라시아 문명의 태동에는 지금으로부터 7,000년 전에 일어났던 흑해의 범람이 중요한 역할을 했다. 홍적세 말기에 유라시아를 덮고 있던 얼음이 녹아 지중해로 흘러들었고, 흑해는 더운 날씨 때문에 서서히 증발하여 지중해와 흑해의 수위 차가 140m까지 벌어졌다. 중력이 작용하는 한 물은 높은 곳에서 낮은 곳으로 흐르기 때문에 지중해의 짠물은 보스포루스해협Bosporus Strait을 타고 흑해로 유입되었고, 담수淡水였던 흑해는 지금과 같은 염수鹽水로 변했다. 물론 이 과정은 거의 3년에 걸쳐 서서히 진행되었지만 흑해의 가장자리가 살짝 경사져 있기 때문에 수위가 비교적 빠르게 상승하여 결국 해안의 농경지로 범람하고 말았다. 이 사건으로 삶의 터전을 잃어버린 농경민들은 새로운 땅을 찾아 중앙아시아와 서유럽으로 진출했는데, 특히 흑해 연안에 거주해왔던 인도-유럽어족과 셈족Semitic tribes, 우바이드족Ubaid 등 다양한 인종들이 메소포타미아로 모여들어 최초의 문명 도시인 수메르를 건설하게 된다. 구약성서에 기록된 노아의 방주와 〈길가메시 서사시Epic of Gilgamesh〉에 등장하는 우트나피시팀Utnapishtim*, 그리고 그리스 신화의 데우칼리온Deucalion**은 흑해의 범람 사건을 배경으로 한 이야기들이다.

이왕 말이 나온 김에, 지질학자인 내가 관심을 가질 수밖에 없는 개념 하나를 소개하고자 한다. 재러드 다이아몬드Jared Diamond는 그의 저서인 《총·균·쇠Guns, Germs and Steel》에서 다음과 같은 질문을 제기했다. 근대사에서 식민지 확장 사업은 왜 일방적으로 진행되었는가? 아닌 게 아니라 식민지 시대에는 유럽의 몇 나라들이 지구에 존재하는 여타 문명을 식민지화하거나 아예 흔적도 없이 쓸어버렸다(여기에는 유럽인들이 퍼뜨린 전염병도

---

* 대홍수에서 살아남아 영생을 얻은 인물.

** 프로메테우스의 아들로, 제우스신이 일으킨 대홍수에서 살아남아 인류의 조상이 되었음.

한몫했다). 언뜻 생각하면 유럽인들이 여타 종족들보다 지적, 도덕적, 또는 유전적으로 우월한 것처럼 보인다. 그러나 다이아몬드는 그 원인을 인종간의 차이가 아닌 대륙의 방향성에서 찾고 있다(대륙의 방향성을 결정한 것은 판구조론이다. 즉 지질구조판이 지구의 물리적 환경뿐만 아니라 인류의 역사까지 좌우했다는 이야기다. 이러니 지질구조판으로 먹고사는 내가 관심을 갖지 않을 수 있겠는가?).

다이아몬드의 주장은 다음과 같이 계속된다. 인류가 지구 전역으로 진출했을 무렵, 각 대륙의 문명적 차이를 결정한 것은 거주민의 특성이 아니라 대륙의 방향성이었다. 거대한 대륙의 한복판에 자리 잡고 있던 유라시아 문명(유라시아에서 유럽에 걸친 문명권)은 주로 동-서 방향으로 영토를 확장했기 때문에 제국 전체에 걸쳐 기후가 크게 다르지 않았다. 기후가 비슷한 영역 안에서는 곡물과 가축을 운반해도 환경 변화에 따른 손실이 발생하지 않는다. 그러나 이런 식으로 영토를 확장하려면 모든 지역에 걸쳐 미기후微氣候, microclimate*도 크게 다르지 않아야 한다. 전체적인 기후대는 수백, 수천 km에 걸쳐 비슷할 수 있지만, 도중에 사막이나 강이 있으면 수십 km 간격을 두고도 환경이 크게 달라진다.

---

* 지면에 접한 대기층의 기후.

지질구조판 중 유라시아판은 지질학적으로 유리한 점이 많았다. 대륙의 축이 동-서 방향으로 뻗어 있어서 기후의 영향을 받지 않은 채 영토를 확장할 수 있었으며, 다양한 농경민들이 모여들어 다양한 기술을 개발할 수 있었다. 반면에 다른 대륙들은 대부분 남-북 방향으로 뻗어 있기 때문에 기후가 비슷한 동-서 방향으로 영토를 확장하기 어려웠고, 남-북으로 진출하면 곡물과 가축들이 서식 가능 지역을 벗어나 큰 피해를 입었다(이들이 농사가 아닌 사냥에 의존했다면 남-북 방향 진출이 더 쉬웠을 지도 모른다).

유라시아 문명권이 확장됨에 따라 다양한 종의 가축들도 함께 퍼져나갔고, 점령지의 토착민들은 새로운 병원균에 노출되어 혹독한 대가를 치르면서 면역력을 키워나갔다. 유라시아는 다른 대륙으로 진출할 때 수천 가지 군사 기술과 함께 토착민들이 한 번도 겪어본 적 없는 병균도 가져갔다. 스페인의 프란시스코 피사로Francisco Pizarro가 소규모의 원정대만으로 잉카제국을 정복할 수 있었던 것은 바로 이 병균 덕분이었다. 당시 카리브해에 먼저 도착했던 스페인 이주민들이 토착민에게 천연두를 퍼뜨린 것이다.

이 책에서 인류 문명의 역사를 자세히 늘어놓을 생각은 없다.

역사에 관해서는 이미 많은 책들이 나와 있고, 인간의 7,000년 역사는 140억 년에 걸친 우주 역사의 2백만 분의 1에 불과하기 때문이다. 이 책의 서두에서 말했듯이 우주의 역사를 24시간으로 축약했을 때, 인간의 역사는 길게 잡아봐야 0.04초밖에 안 된다. 이 책 전체가 우주의 역사라면 인간의 역사는 마지막 문장 끝에 찍힌 마침표쯤 될 것이다.

그러나 이 짧은 시간 동안 인류는 대약진을 이루었고 주특기인 환경 개조 능력을 십분 발휘하여 먹이사슬의 최상위에 등극했으며, 딱히 위협적인 경쟁자가 없었기에 개체수가 폭발적으로 증가했다. 그리고 지난 200년 사이에 수억 년 동안 땅 속에 묻혀 있던 화석에너지 사용법을 개발하여 자신의 육체적 능력에 걸맞지 않는 무소불위의 힘을 갖게 되었다. 이 방대한 에너지 덕분에 현대를 사는 우리들은 통신과 교통, 식량 생산, 의학 등 첨단기술의 혜택을 톡톡히 누리고 있다(개중에는 이 혜택을 제대로 누리지 못하는 사람들도 있다).

화석에너지는 환경을 파괴하고 기후를 변화시키는 부작용을 낳기도 한다. 그러나 앞으로 다가올 어두운 미래를 걱정하기에는 지금 당장 누리는 편리함이 압도적으로 크기 때문에, 사람들이 위기의식을 느끼고 생활습관을 바꾸려면 꽤 긴 시간이 소요될 것이다. 문명의 부작용은 이뿐만이 아니다. 기술과 의학으로 무장한 인간은 지난 수십 억 년 동안 누구에게나 적용되어왔던 자연선택의 섭리를 교묘하게 피해왔다(선진국일수록 심하다). 그러나 자원이 고갈되어 자연선택을 더 이상 피할 수 없게 되면, 가장 하찮게 여겼던 미생물의 먹이로 전락할 것이다(더 과격하고 적나라하게 쓰고 싶지만, 사전검열(?)에 걸릴 것 같아 자제했다. 커트 보니것Kurt Vonnegut*의 추종자들에게 양해를 구한다). 사실 이것은 탐욕이나 나태함의 문제가 아니다. 주어진 자원을 무분별하게 낭비하는 것은 경쟁자가 없는 생명체에게 흔히 나타나는 성향이다. 실험용 페트리 접시에 박테리아를 넣어두면 음식과 에너지를 마구 소모하다가 자원이 고갈되면 모두 굶어죽는다. 여기에 이유 같은 것은 없다. 살아가는 방식이 원래 그렇다.

그러나 나는 우리 인간이 페트리 접시 속의 박테리아와 다르다고 생각한다. 그동안 인간은 어리석고 나쁜 짓도 많이 했지만, 방대한 양의 지식을 축적해온 것만은 높이 평가되어야 한다. 우리의 후손은 지금의 지식을 토대로 더욱 많은 지식을 쌓아갈 것이다. 인간은 언어와 역사, 그리고 과학을 이용하여 미래를 예측

---

* 미국의 소설가. 반전사상과 암울한 미래를 조명하는 글로 유명하다.

할 수 있는 유일한 생명체이므로, 위기가 닥치기 전에 대비책을 세울 능력이 충분히 있다. 우리 세대, 또는 다음 세대에 모든 지식을 총동원하여 아직 태어나지 않은 후손들의 생존책을 강구해야 할 순간이 찾아올지도 모른다. 우리가 이 임무를 성공적으로 수행한다면, 아마도 그것은 생명의 역사, 아니 우주의 역사를 통틀어서 전례를 찾아볼 수 없는 유일한 업적이 될 것이다.

더 읽을 자료

서문에서 말했듯이, 이 책의 특징은 ①간단하면서 ②필자의 관점을 중심으로 집필되었다는 점이다. 이 책에 언급된 내용을 더욱 심도 있게 알고 싶다면 다음 세 권을 추천한다.

- Jastrow, Robert, and Michael Rampino, *Origins of Life in the Universe*(Cambridge: Cambridge University Press, 2008).

- Langmuire, Charles H., and Wally Broecker, *How to Build a Habitable Planet*, rev. and expanded ed.(Princeton, NJ: Princeton Univercity Press, 2012).

- MacDougall, J.D., *A Short of Planet Erath: Mountains, Mammala, Fire and Ice*(Hoboken, NJ: Wiley & Sons, 1998).

더 읽을 자료

독자들(특히 과학에 관심이 많은 독자들)은 눈치챘겠지만, 이 책과 관련된 모든 참고문헌을 일일이 나열할 생각은 없다. 다 소개한다면 참고문헌 목록이 이 책의 본문보다 길어질 것이다(그래서 나는 책의 제목도 바꾸려고 했다. 그러나 담당 편집자가 의외로 지금의 제목을 좋아하기에 그냥 두었다). 이 책에서 다룬 유명한 주제와 관련 학자들에 대해서는 이미 많은 책들이 나와 있는데, 참고서적을 몽땅 읽을 필요는 없다고 사료되어 본문과 관련된 페이지 번호를 함께 적어놓았으니 참고하기 바란다. 각 장章의 참고문헌은 일반 과학교양 수준의 책General Reading과 살짝 전문적인 책Specific Reading으로 구별해놓았다.

1장 우주와 은하

교양과학서적

- Peebles, P. J. E., D. N. Schramm, E. L. Turner, and R. G. Kron, "Evolution of the Universe", *Scientific American*, October 1994, p. 50~57.
- Singh, Simon, *The Big Bang: The Origin of the Universe*(New York: HarperCollins, 2005)
- Trefil, James, *The Moment of Creation*(New York: Macmillan, 1983).

- Turner, Michael, "Origin of the Universe", *Scientific American*, September 2009, p. 36~43.

과학전문서적

- Bromm, Volker, and Naoki Yoshidam, "The First Galaxies", *Annual Review of Astronomy and Astrophysics* 49(2011), p. 373~407.
- Frieman, J. A., M. S. Turner, and D. Huterer, "Dark Energy and the Accelerating Universe", *Annual Review of Astronomy and Astrophysics* 46(2008), p. 385~432.
- Greene, Brian, "How the Higgs Boson Was Found", *Smithsonian Magazine*, July 2013. http://www.smithsonianmag.com/science-nature/how-the-higgs-boson-was-found-4723520/.
- Guth, A. H., and P. J. Steinhardt, "The Inflationary Universe", *Scientific American*, May 1984, p. 116~128.
- Spergel, David N., "The Dark Side of Cosmology: Dark Matter and Dark Energy", *Science* 347, no. 6226(2015), p. 1100~1102.

2장 별과 원소

교양과학서적

- Kirshner, Robert P., "The Earth's Elements", *Scientific American*,

October 19, 1994, p. 58~65.

- Lang, Kenneth R., *The Life and Death of Stars*(Cambridge: Cambridge University Press, 2013).
- Young, Erick T., "Cloudy with a Chance of Stars", *Scientific American*, February 21, 2010, p. 34~41.

과학전문서적

- Kaufmann III, William J., *Black Holes and Warped Spacetime* (New York: W. H. Freeman, 1979).
- Truran, J. W., "Nucleosynthesis", *Annual Review of Nuclear and Particle Science* 34, no. 1(1984), p. 53~97.

3장 태양계와 행성

교양과학서적

- Elkins-Tanton, Linda T., *The Solar System*, 6 vols(New York: Facts on File, 2010).
- Lin, Douglas N. C., "Genesis of Planets", *Scientific American*, May 2008, p. 50~59.
- Lissauer, Jack J., "Planet Formation", *Annual Review of Astronomy and Astrophysics* 31(1993), p. 129~174.

- Wetherill, George, "Formation of the Earth", *Annual Review of Earth and Planetary Sciences* 18(1990), p. 205~256.

과학전문서적

- Armitage, Phillip J., *Astrophysics of Planet Formation*(Cambridge: Cambridge University Press, 2010).
- Canup, Robin M., "Dynamics of Lunar Formation", *Annual Review of Astronomy and Astrophysics* 42(2004): 44175. doi: 10.1146/annurev.astro.41.082201.113457.
- Chiang, E., and A. N. Youdin, "Forming Planetesimals in Solar and Extrasolar Nebulae", *Annual Review of Earth and Planetary Sciences* 38(2008), p. 493~522.
- Gomes, R., H. F. Levison, K. Tsiganis, and A. Morbidelli, "Origin of the Cataclysmic Late Heavy Bombardment Period of the Terrestrial Planets", *Nature* 435(2005), p. 466~469.
- Levison, H. F., A. Morbidelli, R. Gomes, and D. Backman, "Planet Migration in Planetesimal Disks", *Protostars and Planets V*, ed. B. Reipurth, D. Jewitt, and K. Keil(Tucson: University of Arizona Press, 2007), p. 669~684.

4장 지구의 대륙과 내부

교양과학서적

- Brown, G. C., and A. E. Mussett, *The Inaccessible Earth*(London: Chapman & Hall, 1993).
- Condie, Kent C., *Plate Tectonics and Crustal Evolution*(Oxford: Pergamon, 1993).
- "Our Ever Changing Earth", Special issue, *Scientific American* 15, no. 2(2005).
- Schubert, G., D. Turcotte, and P. Olson, *Mantle Convection in the Earth and Planets*(Cambridge: Cambridge University Press, 2001).
- Stevenson, D. J., ed., *Treatise on Geophysics*. Vol. 9 of *Evolution of the Earth*, 2nd ed., ed. G. Schubert(New York: Elsevier, 2015).
- Vogel, Shawna, *Naked Earth: The New Geophysics*(New York: Plume, 1996).

과학전문서적

- Bercovici, D., "Mantle Convection", *Encyclopedia of Solid Earth Geophysics*, ed. H. K. Gupta(Dordrecht, Netherlands: Springer, 2011), p. 832~851.
- Elkins-Tanton, L. T., "Magma Oceans in the Inner Solar System",

Annual Review of Earth and Planetary Sciences 40(2012), p. 113~139.

- England, P., P. Molnar, and F. Richter, "John Perry's Neglected Critique of Kelvin's Age for the Earth: A Missed Opportunity in Geodynamics", *GSA Today* 17, no. 1(2007), p. 4~9.
- Glatzmaier, Gary A., and Peter Olson, "Probing the Geodynamo", *Scientific American*, April 2005, p. 50~57.
- Stacey, F. D., "Kelvin's Age of the Earth Paradox Revisited", *Journal of Geophysical Research: Solid Earth* 105, no. B6(2000), p. 13155~13158.

5장 바다와 대기

교양과학서적

- Allegre, Claude J., and Stephen H. Schneider, "The Evolution of the Earth", *Scientific American*, October 1994, p. 66~75.
- Holland, H. D., *The Chemical Evolution of the Atmosphere and Oceans*(Princeton, NJ: Princeton University Press, 1984).
- Kasting, J. F., "The Origins of Water on Earth", In "New Light on the Solar System", special issue, *Scientific American* 13, no. 3(2003), p. 28~33.

과학전문서적

- Elkins-Tanton, L. T., "Formation of Early Water Oceans on Rocky Planets", *Astrophysics and Space Science* 302, no. 2(2011): 359. doi: 10.1007/s10509-010-0535-3.
- Valley, John W., "A Cool Early Earth?", *Scientific American*, October 2005, p. 58~65.

6장 기후와 서식 가능성

교양과학서적

- Bender, Michael L., *Paleoclimate. Princeton*(NJ: Princeton University Press, 2013).
- Falkowski, P., R. J. Scholes, E. Boyle, J. Canadell, D. Canfield, J. Elser, N. Gruber, K. Hibbard, P. Hogberg, S. Linder, F. T. Mackenzie, B. Moore III, T. Pedersen, Y. Rosenthal, S. Seitzinger, V. Smetacek, and W. Steffen, "The Global Carbon Cycle: A Test of Our Knowledge of Earth as a System", *Science* 290(2000), p. 291~296.
- Gonzalez, G., D. Brownlee, and P. D. Ward, "Refuges for Life in a Hostile Universe", *Scientific American*, October 2001, p. 60~67.
- Kasting, J. F., and D. Catling, "Evolution of a Habitable Planet",

Annual Review of Astronomy and Astrophysics 41(2003), p. 429~463.

- Ward, P. D., and D. Brownlee, *Rare Earth: Why Complex Life Is Uncommon in the Universe*(New York: Copernicus/Springer-Verlag, 2000).

과학전문서적

- Berner, Robert A., *The Phanerozoic Carbon Cycle*(Oxford: Oxford University Press, 2004).
- Berner, R. A., A. C. Lasaga, and R. M. Garrels, "The Carbonate-Silicate Geochemical Cycle and Its Effect on Atmospheric Carbon Dioxide over the Past 100 Million Years", *American Journal of Science* 283, no. 7(1983), p. 641~683.
- Hoffman, Paul F., and Daniel P. Schrag, "Snowball Earth", *Scientific American*, January 2000, p. 68~75.
- Huybers, P., and C. Langmuir, "Feedback Between Deglaciation, Volcanism, and Atmospheric CO2", *Earth and Planetary Science Letters* 286, nos. 3~4(2009), p. 479~91.
- Raymo, M. E., and W. F. Ruddiman, "Tectonic Forcing of Late Cenozoic Climate", *Nature* 359, no. 6391(1992), p. 117~122.
- Walker, J., P. Hayes, and J. Kasting, "A Negative Feedback Mechanism for the Long-Term Stabilization of Earth's Surface Tempera-

ture", *Journal of Geophysical Research* 86 (1981), p. 9776~9782.

7장 생명

교양과학서적

- Clark, W. R., *Sex and the Origins of Death*(Oxford: Oxford University Press, 1996).
- Hazen, R. M., *The Story of Earth*(New York: Viking, 2012).
- Lane, N., *Life Ascending: The Ten Great Inventions of Evolution* (New York: Norton, 2009).
- Orgel, L., "The Origin of Life on the Earth", *Scientific American*, October 1994, p. 76~83.
- Ricardo, A., and J. W. Szostak, "Origin of Life on Earth", *Scientific American*, September 2009, p. 54~61.
- Ward, P. D., and D. Brownlee, *Rare Earth: Why Complex Life Is Uncommon in the Universe*(New York: Copernicus/Springer-Verlag, 2000).

과학전문서적

- Corliss, J. B., J. Dymond, L. I. Gordon, J. M. Edmond, R. P. von Herzen, R. D. Ballard, K. Green, D. Williams, A. Bainbridge, K.

Crane, and T. H. van An-del, "Submarine Thermal Springs on the Galapagos Rift", *Science* 203, no. 4385(1979), p. 1073~1083.

- Doolittle, W. F., "Uprooting the Tree of Life", *Scientific American*, February 2000, p. 90~95.
- Falkowski, P., R. J. Scholes, E. Boyle, J. Canadell, D. Canfield, J. Elser, N. Gruber, K. Hibbard, P. Hogberg, S. Linder, F. T. Mackenzie, B. Moore III, T. Pedersen, Y. Rosenthal, S. Seitzinger, V. Smetacek, and W. Steffen, "The Global Carbon Cycle: A Test of Our Knowledge of Earth as a System", *Science* 290(2000), p. 291~296.
- Mansy, S. S., J. P. Schrum, M. Krishnamurthy, S. Tobe, D. A. Treco, and J. W. Szostak, "Template-Directed Synthesis of a Genetic Polymer in a Model Proto-cell", *Nature* 454, no. 7200(2008), p. 122~125.
- Patel, B. H., C. Percivalle, D. J. Ritson, C. D. Duffy, and J. D. Sutherland, "Common Origins of RNA, Protein and Lipid Precursors in a Cyanosulfidic Protometabolism", *Nature Chemistry* 7, no. 4(2015), p. 301~307.
- Powner, M. W., B. Gerland, and J. D. Sutherland, "Synthesis of Activated Pyrimidine Ribonucleotides in Prebiotically Plausible Conditions", *Nature* 459, no. 7244(2009), p. 239~242.

8장 인류와 문명

교양과학서적

- Behrensmeyer, K., "The Geological Context of Human Evolution", *Annual Review of Earth and Planetary Sciences* 10(1982), p. 39~60.
- Jurmain, R., L. Kilgore, W. Trevathan, and R. L. Ciochon, *Introduction to Physical Anthropology*, 14th ed.(Belmont, CA: Wadsworth, 2013).
- Silcox, M. T., "Primate Origins and the Plesiadapiforms", *Nature Education Knowledge* 5, no. 3(2014), p. 1~6.
- Tatersall, I., "Once We Were Not Alone", *Scientific American*, January 2000, p. 56~62.
- Wong, K., "An Ancestor to Call Our Own", In special issue on evolution, *Scientific American*, April 2006, p. 49~56.

과학전문서적

- Behrensmeyer, K., "Climate Change and Human Evolution", *Science* 311(2006), p. 476.
- deMenocal, P. B., "Climate Shocks", *Scientific American*, September 2014, p. 48~53.
- Diamond, J., *Guns, Germs and Steel*(New York: Norton, 1999).

- Fagan, B., *The Long Summer: How Climate Changed Civilization* (New York: Basic Books/Perseus, 2004).
- Jablonski, Nina G., "The Naked Truth", *Scientific American*, February 2010, p. 42~49.
- Ruddiman, W. F., "How Did Humans First Alter Global Climate?", *Scientific American*, March 2005, p. 46~53.
- Ryan, W., and W. Pitman, *Noah's Flood: The New Scientific Discoveries about the Event That Changed History*(New York: Simon & Schuster, 2000).
- Sherwood, S. C., and M. Huber, "An Adaptability Limit to Climate Change Due to Heat Stress", *Proceedings of the National Academy of Sciences* 107, no. 21(2010), p. 9552~9555.
- Stedman, H. H., B. W. Kozyak, A. Nelson, D. M. Thesier, L. T. Su, D. W. Low, C. R. Bridges, J. B. Shrager, N. Minugh-Purvis, and M. A. Mitche, "Myosin Gene Mutation Correlates with Anatomical Changes in the Human Lineage", *Nature* 428, no. 6981(2004), p. 415~418.
- Wood, B., "Welcome to the Family", *Scientific American*, September 2014, p. 43~47.

감사의 글

감사의 글

지난 2008년에 한 무리의 예일대학교 학생들이 나를 찾아와 "모든 것"에 관한 강좌를 개설해달라고 부탁한 적이 있다. 당시 나는 조금 다른 제목의 강좌를 생각하고 있었는데, 학생들이 하도 막무가내로 우기는 바람에 어쩔 수 없이 그들의 부탁을 들어주었다. 그러므로 이 책은 그 학생들 덕분에 세상에 태어난 셈이다. 이름을 일일이 나열하진 않겠지만, 아는 사람은 다 알 것이다. 이 자리를 빌려 그 학생들에게 깊은 감사를 표한다. 매우 흥미로운 강의였고, 나 역시 강의를 준비하면서 많은 것을 배울 수 있었다(배운 것이 별로 없는 학생들도 있겠지만……).

친구들과 동료들의 도움도 많이 받았다. 나는 지난 몇 년 동안 그들과 대화를 나누면서 호기심을 키웠고, 그 흔적은 이 책의 곳곳에 남아 있다. 책이 정식으로 출간되기 전에 내 원고를 (공식, 또는 비공식적으로) 미리 읽고 값진 조언을 해준 동료들에게 고마운 마음을 전한다. 특히 피터 드리스콜Peter Driscoll과 코트니 워렌Courtney Warren은 원고를 처음부터 끝까지 꼼꼼하게 읽고 많은 부분을 지적해주었으며, 나의 전공 분야가 아닌 천문학과 생물학, 그리고 인류학 부분을 보완해주었다. 또한 나의 오랜 친구이자 지도교수였던 제리 슈베르트Jerry Schubert 박사는 몇 개의 장을 읽고 현란한 칭찬과 함께 그의 주특기인 솔직한 평가를 내려주었다(그땐 정말 학창시절로 돌아간 기분이었다). 이외에도 많은 사람들이 조언을 아끼지 않았는데, 특히 '걸어다니는 백과사전'으로 유명한 놈 슬립Norm Sleep의 날카로운 지적은 이 책의 완성도를 크게 높여주었다.

이 책의 편집자인 조 칼라미아Joe Calamia에게도 깊은 사과와 함께 감사의 말을 전한다(내 성질을 참아내느라 몹시 고생했을 줄 안다). 과학에 깊은 식견을 가진 그의 열정과 끈기, 그리고 유머감각이 없었다면 나는 아직도 원고와 씨름을 벌이고 있을 것이다.

나의 사랑하는 두 딸 사라Sarah와 한나Hanna에게도 고마운 마음을 전하고 싶다. 다행히도 둘 다 과학자여서(어쩌다 보니 그렇게 됐다) 나의 원고에 전문적인 조언을 해줄 수 있었다. 나는 지난 몇 년 동안 두 딸의 논문을 읽고 신랄한 비평을 가해왔기에, 내 원고를 받아드는 순간 복수의 기회가 찾아왔다고 생각했을 것이다. 그러나 심성이 착한 나의 딸들은 기회를 악용하지 않고 전문 과학자답게 필요한 지적만 해주었다(사실 웃음보가 빵 터지는 유쾌한 복수가 몇 차례 있긴 있었다).

마지막으로 나의 아내 줄리Julie에게 최상의 감사를 전한다(아내도 과학자다. 정말 이상한 집안이다). 그녀는 나의 원고를 여러 번 읽으면서 용기를 북돋아주었으며, 이 책뿐만 아니라 모든 면에서 무한대의 인내심을 발휘하여 가정의 행복을 지켜왔다. Sine te non sum!*

* 라틴어로, '당신이 없다면 나는 내가 될 수 없다'는 뜻이다.

옮긴이의 말

고달픈 하루 일과를 마치고 집으로 돌아와 잠자리에 누우면 오만가지 상념이 떠오른다. 내일 회의는 무슨 핑계를 대고 빠질까, 장 부장은 왜 나만 미워할까, 여행 간 그녀한테는 왜 연락이 없을까. 출출한데 뭐 좀 먹고 잘까 등등…… 대부분이 질문이다. 보통은 이쯤에서 잠에 곯아떨어지지만, 불면증이 있거나 걱정거리가 유난히 많은 날은 자책 모드로 접어들면서 '왜'로 시작하는 질문으로 점차 수렴한다. 나는 왜 이럴까. 누굴 닮아서 이럴까, 나는 왜 이렇게 살고 있을까…… 그러다가 결국은 항상 똑같은 최종 질문에 도달한다. "나는 누구인가? 나는 왜 존재하게 되었는가?"

마지막 질문은 답을 얻을 수 없다는 것을 잘 알고 있기에, 우

옮긴이의 말

리의 두뇌는 더 이상의 초과노동을 거부하고 스위치를 꺼버린다. 질문 자체는 아주 간단한데 답을 아는 사람이 없다.

여기서 질문을 살짝 바꿔보자. "나는 어떻게 존재하게 되었는가?" '왜why'를 '어떻게how'로 바꿨을 뿐인데, 갑자기 세상이 다르게 보이는 것 같다. 내가 왜 태어났는지는 알 수 없지만, 어떻게 태어났는지는 누구나 납득할 수 있는 논리로 설명이 가능하기 때문이다. 바로 이것이 상념과 과학의 차이다(사실은 종교와 과학의 차이이기도 하다).

과학은 '왜'라는 질문에서 시작되지만 결국 알아내는 것은 why가 아니라 how이며, 그 결과는 동질同質의 모든 대상에 예외 없이 적용되기 때문에 올바른 답을 찾으면 누구나 "유레카Eureka!"를 외칠 수 있다. 그리고 한 번 찾은 답은 후속 질문에 중요한 실마리를 제공하면서 스스로 지식을 축적해나가는 자생력까지 갖고 있다. 잠자리에 누워 'why'로 시작하는 질문을 몇 번 떠올리다 보면 '나'라는 한계를 벗어나지 못하지만, 'how'로 시작하는 질문으로 바꾸면 나를 훌쩍 넘어서 인간, 생명, 지구, 태양계, 은하 그리고 우주의 기원까지 끝장을 볼 수 있다. 관련 지식이 부족해서 후속 질문을 떠올리기 어렵다면 이 책을 읽으면 된다.

이 책에는 과학적 관점에서 바라본 만물의 기원이 100쪽 남짓한 분량(원서를 기준으로)에 요약되어 있다. 지금으로부터 138억 년 전에 빅뱅으로 우주가 탄생한 후 만물의 기본 단위인 입자들이 모여서 별과 은하가 생성되었고, 우리의 태양과 함께 탄생한 지구는 온갖 외홍과 내홍을 겪으면서도 기어이 생명을 잉태하여 36억 년 만에 호모 사피엔스로 업그레이드시켰다. 그리고 이제 호모 사피엔스가 지난 138억 년을 되돌아보며 뒤늦게나마 만물의 기원을 추적하고 있다. 이 모든 이야기를 한 권의 책에 담아내는 것도 어렵지만, 100쪽 남짓한 분량에 꾹꾹 눌러 담는 것은 아무나 할 수 있는 일이 아니다. 저자인 데이비드 버코비치가 지구물리학자여서 지구의 역사에 다소 치중된 감이 있으나, 이 정도면 함축의 미가 한껏 담긴 명저로서 부족함이 없다. 만물의 기원을 서술한 책은 여러 권이 나와 있는데, 이보다 간략한 책은 아마 두 번 다시 보기 어려울 것이다.

우주는 138억 년 전에 태어난 후 확고한 법칙을 따라 자신만의 길을 걸어왔다. 그 법칙에서 딱히 생명체에게 유리한 구석이라곤 찾아볼 수 없고 인간을 특별 대우한다는 예외조항도 없으며, 이미 주어진 법칙을 바꿀 수도 없다. 그러나 다행히도 자연의 법칙은 쉽게 변하지 않기 때문에 과거에 걸어온 길을 토대로 앞날을 예측하는 것은 언제든지 가능하다. 과학자들이 애써 과거사를 들추는 이유가 바로 여기에 있다. 공자가 말했던 온고이지신溫故而知新을 이토록 영양가 있게 실천하는 분야가 또 어디 있을까?

2017년 9월 25일

박병철

찾아보기

ㄹ

ㅁ

ㅂ

ㅈ

지은이 **데이비드 버코비치** DAVID BERCOVICI
예일대학교 프레더릭 윌리엄 바이네케Frederick W. Beinecke 석좌교수이자 동대학 기후·에너지 연구소Yale Climate & Energy Institute 소장. 물리학 전통이 뛰어난 캘리포니아 이공대학교에서 우주물리학과 지구물리학을 공부했고, 2001년부터 예일대학교 지구물리학과 교수로 재직 중이다. 그의 주요 연구 분야는 행성물리학으로, 판구조론과 지구의 내부 및 화산의 원리 등을 연구하고 있다. 미국지구물리학회 및 예술과학아카데미 회원으로도 활동 중이며, 탁월한 연구와 저술로 제임스 매클웨인 명예훈장과 국립과학재단의 젊은 과학자상 등 수많은 상을 받았다.

옮긴이 **박병철**
연세대학교 물리학과를 졸업하고 한국과학기술원KAIST에서 이론물리학 박사학위를 받았다. 현재 대진대학교 초빙교수로, 번역가 및 저술가로 활동하고 있다. 《신의 입자》《퀀텀스토리》《페르마의 마지막 정리》《엘러건트 유니버스》《평행우주》《우주의 구조》《마음의 미래》 등 다수의 책을 옮겼고, 어린이 과학동화 《라이카의 별》을 썼다. 전문 지식에 기초한 쉽고 명쾌한 번역으로 정평이 나 있으며, 2005년 한국출판문화상을, 2016년에는 미래창조과학부 장관상을 받았다.

모든 것의 기원

예일대 최고의 과학 강의

초판 1쇄 발행 2017년 10월 25일
개정1판 1쇄 발행 2023년 7월 25일
개정1판 4쇄 발행 2024년 12월 20일

지은이 데이비드 버코비치
옮긴이 박병철

펴낸이 김준성
펴낸곳 책세상
등록 1975년 5월 21일 제2017-000226호
주소 서울시 마포구 동교로 23길 27, 3층(03992)
전화 02-704-1251 **팩스** 02-719-1258
이메일 editor@chaeksesang.com
광고·제휴 문의 creator@chaeksesang.com
홈페이지 chaeksesang.com
페이스북 /chaeksesang **트위터** @chaeksesang
인스타그램 @chaeksesang **네이버포스트** bkworldpub

ISBN 979-11-5931-959-4 03400

- 이 책은 한국출판문화산업진흥원의
  출판콘텐츠 창작자금을 지원받아 제작되었습니다.

- 잘못되거나 파손된 책은 구입하신 서점에서 교환해드립니다.
- 책값은 뒤표지에 있습니다.